Word/Excel
办公应用实战

主编　陈学聪

北京希望电子出版社
Beijing Hope Electronic Press
www.bhp.com.cn

内容简介

本书内容丰富，结构清晰，深入浅出地介绍了 Word 与 Excel 的核心功能与实战技巧。

全书共分为 12 章，第 1~5 章讲解 Word 的实用基础，内容包括文本编辑、格式设定、表格处理、页面布局设置及打印输出等；第 6~11 章讲解 Excel 的实用基础，内容包括数据输入与编辑、工作表格式化、工作簿与工作表的操作、数据分析、工作表的打印输出等；第 12 章是常用的 Word/Excel 实战技巧，方便用户将所学知识直接应用于实际工作当中。

本书不仅适合行政、文秘、办公室职员等人群阅读，也适合在校师生使用，还可作为相关培训机构的教材及参考书。

图书在版编目（CIP）数据

Word/Excel 办公应用实战 / 陈学聪主编. -- 北京 ：

北京希望电子出版社, 2024.7. -- ISBN 978-7-83002

-875-6

Ⅰ. TP391.1

中国国家版本馆 CIP 数据核字第 2024Z1P786 号

出版：北京希望电子出版社　　　　　　封面：库倍科技

地址：北京市海淀区中关村大街 22 号　编辑：郭燕春　张学伟

　　　中科大厦 A 座 10 层　　　　　　校对：王小彤

邮编：100190　　　　　　　　　　　开本：787mm×1092mm　1/16

网址：www.bhp.com.cn　　　　　　　印张：16

电话：010-82620818（总机）转发行部　字数：370 千字

　　　010-82626237（邮购）　　　　　印刷：北京昌联印刷有限公司

经销：各地新华书店　　　　　　　　　版次：2024 年 7 月 1 版 1 次印刷

定价：65.00 元

前　言

在数字化时代，办公软件已成为职场人士不可或缺的工具，其中 Microsoft Word 与 Excel 凭借其强大的文档处理与数据分析能力，被广泛应用于各种工作场景。随着信息技术的飞速发展，企业对员工的办公软件应用技能提出了更高的要求，熟练掌握 Word 和 Excel 的操作技能不仅能够提升个人工作效率，更是职场竞争力的重要体现。

本书内容丰富，结构清晰，深入浅出地介绍了 Word 与 Excel 的核心功能与实战技巧，凸显了这两款软件的显著优势：Word 以其丰富的文本编辑和排版功能，使文档创作更加专业和高效；Excel 则以强大的数据处理、分析能力及可视化优势，成为数据分析领域的首选工具。本书精心设计的章节结构，确保了学习路径的科学性和实用性，无论是初学者还是有一定基础的用户，都能从中受益。

全书分为上、下两篇，共 12 章，每章的具体讲解情况介绍如下：

第 1 章：Word 基础知识，介绍了 Word 的基本概念、文档视图、文档元素及操作界面，为后续学习奠定基础。

第 2 章：输入和编辑文本，涵盖文本输入、特殊符号插入、文档导航、文本选择、复制与粘贴、查找与替换等基础操作。

第 3 章：格式化文档，深入讲解文本格式、段落格式的设置，项目符号与编号的应用，边框和底纹的设置，提升文档的专业度。

第 4 章：Word 中的表格处理，从表格的插入、编辑到美化，全面展示了表格在文档中的运用。

第 5 章：Word 页面设置和打印输出，讲解如何进行页面布局、板块划分，以及打印前的设置和输出，确保文档的呈现效果。

第 6 章：Excel 基础知识，介绍 Excel 的启动 / 退出、界面构成、工作簿、工作表和单元格等知识，为 Excel 学习打下基础。

第 7 章：输入和编辑数据，涉及单元格选择、数据录入、快速填充、数据复制移动和行列操作，强化数据处理能力。

第 8 章：格式化工作表，包括单元格格式设定、行列管理、样式应用及背景图案设置，让数据展示更加清晰美观。

第 9 章：操作工作表和工作簿，涵盖了工作簿与工作表的管理，如新建、保存工作簿，重命名、插入、隐藏工作表等。

第 10 章：分析和管理数据，深入讲解数据排序、筛选、分类汇总，帮助读者掌握数据处理的关键技巧。

第 11 章：Excel 工作表的打印输出，关注页面布局设置和打印输出，确保纸质展示与电子版的一致性。

第 12 章：Word/Excel 操作技巧，融入编者逾二十年文秘和教学工作经验的精髓，针对读者在实际工作中经常遇到的难题，精选 27 项 Word 与 Excel 的实战技巧，旨在将这些"时间与效率的金钥匙"直接交付到读者手中。

尤其值得一提的是，编者深知专业术语对初学者学习造成的障碍，故而本书编写过程中采用了易于理解的语言，辅以大量高效操作技巧与问题解决方案，力图打造一个互动性强、易学易用的学习平台。本书的撰写，源自编者亲身经历的痛点与求解过程，从面对办公软件操作时的种种挑战到自学成才，这一路上的摸索与实践，凝聚成书中简明而不失深度的指导，意在帮助读者避免同样的困扰，迅速提升办公应用能力。

无论是行政、文秘相关工作从业者、在校学生，还是培训机构的学员，都能在这本兼具知识性、逻辑性、系统性与实用性的著作中找到提升自我、应对现代工作挑战的法宝。

由于编者水平有限，书中难免存在不足之处，恳请广大读者批评指正。

编　者

2024 年 5 月

目　录

上篇

实用基础

第1章 Word 基础知识

Word 是 Microsoft 公司推出的 Office 套装软件中的文字处理软件，它可以方便地进行文字、图形和数据处理，是最常用的文档处理软件之一。

1.1 Word 的术语

Word 是一款用于文档处理的软件，具有高级排版及自动化文字处理功能。用户可以在文档中插入图片并设置字体的格式，为文档添加页眉和页脚内容，制作出精美的文档。灵活运用 Word 的各项操作功能，不仅能够制作出精美的文档，还可以提高工作效率、简化工作流程，为用户的工作带来极大的方便。

下面介绍 Word 中一些基本的术语和概念。

1.1.1 Word 文档

Word 文档中既包含文字，也包含各种对象，如图形、声音、域、超级链接或指向其他文档的快捷方式，文档中甚至可以包含视频剪辑。用户可以将 Word 文档保存为 Web 页，并添加 HTML 脚本。

1.1.2 文档视图

Word 允许用户使用以下多种方法查看文档。

- 页面视图和 Web 版式视图，可以查看文档打印出来时或发布到 Web 上时的效果。用户可以使用这两种视图插入图形、文本框、图像、声音、视频和文字，以创建出专业水平的出版物和 Web 页。页面视图是 Word 使用的默认视图。
- 普通视图，着重于处理文档中的文字。
- 大纲视图，显示了文档的大纲，以便能比较容易地把握文档的整体结构。
- 阅读视图，可以按实际输出方式显示页面，使用户更好地把握文档编辑的效果。

此外，用户还可以缩放（放大或缩小）文档。放大文档可以更轻松地阅读文档，而缩小文档则可以在屏幕上显示更多的内容。

1.1.3 文档元素

为了更好地理解 Word 功能，读者还需要了解以下术语。

1. 字符

文档中的每个汉字、字母或数字都被称为"字符"。用户可以单独设置每个字符的格式，一般以单词、行或段落为单位设置文字的格式。用户可以改变每个字符的字体、样式（如设置为粗体或添加下画线[①]）、字号、位置、字符间距或颜色等属性。

2. 段落

文档被划分为段落。如果愿意，用户可以分别设置每段的缩进方式、对齐方式、制表位以及行间距，还可以为段落添加边框或底纹、设置项目符号和编号列表，以及分级显示。

3. 页

打印的文档划分为页。通过页面设置选项，可以控制页边距、页眉、页脚、脚注、行号、分栏和其他页面元素的位置。

4. 节

在复杂的文档中，用户可以使用若干种不同的页面格式。例如，用户也许想在文档的不同页面使用不同的页眉和页脚；或者想创建既使用一栏格式，又使用多栏格式的页面。在这种情况下，可以将文档分节，并分别设置每节的页面格式。

5. 模板

Word 使用模板存放文档的格式设置、键盘快捷键、自定义菜单或工具栏以及其他信息。每个新文档都是建立在模板的基础上的。Word 提供了许多定义好的模板，以满足不同类型文档的需要，其中包括备忘录、信函、报告、简历和通讯等。在 Word 中可以修改这些模板，也可以自己创建新模板。

6. 样式和主题

Word 提供了许多格式选项。为了便于同时应用一组格式选项，Word 又提供了样式和主题功能。样式中即可以包含字符，也可以包含段落格式选项。每个文档模板都有一个默认的样式集合（也称为样式表），但是用户可以添加、删除或修改样式，也可以在文档模板之间复制样式。主题是样式的集合，它们彼此协作以生成外观和谐一致的 Web 页或其他电子文档。主题包含字符和段落样式、文档背景以及用于 Web 页或者电子邮件的图形。Word 提供了许多设计好的主题，用户可以根据具体需求使用它们。

1.2　Word 操作界面

Word 操作界面由快速访问工具栏、标题栏、功能选项卡及功能区、文档编辑区、状

[①]　"下画线"是正确的写法，本书讲解时将双引号中的"下画线"写成"下划线"是为了和软件保持一致。

态栏和视图栏组成，如图 1-1 所示。

图 1-1

在该界面中各部分的作用如下。

图 1-2

- 快速访问工具栏：位于界面左上角，用于放置一些常用工具，在默认情况下包括保存、撤销和恢复 3 个工具按钮，用户可以根据需要进行添加，如图 1-2 所示。

- 标题栏：位于界面顶部，用于显示当前文档名称。

- 窗口控制按钮：位于界面右上角，包括最小化、最大化和关闭 3 个按钮，用于对文档窗口的大小和是否关闭进行相应的控制。

- 选项卡：用于切换选项组，单击相应选项卡，即可完成切换。默认的选项卡包括"文件""开始""插入""设计""布局""引用""邮件""审阅""视图"和"帮助"等。当选定了不同的对象时，会出现相应的选项卡。例如，当在文档窗口中选择了图片时，就会在"视图"后面出现"图片格式"选项卡，如图 1-3 所示。

- 功能区：用于放置编辑文档时所需要的功能，程序将各功能划分为一个一个的组，称为功能组。

- 标尺：用于显示或定位文本的位置。

- 滚动条：位于右侧和底部，拖动可向上下或向左右查看文档中未显示的内容。

- 编辑区：用于显示或编辑文档内容的工作区域。
- 状态栏：位于左下角，用于显示当前文档的页数、字数、使用语言、输入状态等信息。
- 视图按钮：位于右下角，用于切换文档的视图方式，单击相应按钮，即可完成切换。
- 缩放标尺：位于右下角，用于对编辑区的显示比例和缩放尺寸进行调整，缩放后，标尺左侧会显示出缩放的具体数值。

图 1-3

第 2 章　输入和编辑文本

一个直观的 Word 文档需要有文本的说明，因此在 Word 中进行输入文本、插入符号、查找与替换文本等操作，是文档编辑过程的基础操作。在格式设置和文档编辑方面，Microsoft Word 具有许多强大的功能，但大多数人仍然只是使用它来简单输入和编辑文字。对 Word 文档中的文字，可以进行添加、删除、复制和重新排列等操作。本章将介绍文本编辑方面的诸多知识和技巧，包括：如何插入、选择和重新安排文字；如何在文档中导航；如何复制和剪切文本；如何查找、替换文本；如何插入特殊符号等。

2.1　输入文本

为文档输入文本内容时，可能会涉及字符、符号等各种内容，输入不同内容时可以通过不同的方法完成输入操作。本节将以普通文本、特殊符号的输入为例，介绍在文档中输入文本的操作。

2.1.1　输入普通文本

在 Word 中输入普通文本时，只需要切换到要使用的输入法，就可以进行输入操作。输入普通文本的操作步骤如下。

01 启动 Word，单击"文件"选项卡，然后在"新建"界面中选择"简洁清晰的简历"模板，如图 2-1 所示。

02 选定的模板为在线模板，需要下载，单击"创建"即可，如图 2-2 所示。

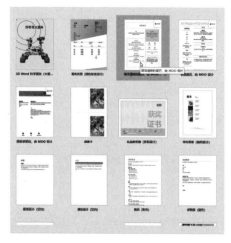

图 2-1

图 2-2

03 在新建文档的窗口中，按照模板提示输入文本，例如，双击顶部页眉，输入姓名为"赵匡胤"，如图 2-3 所示。

04 继续按照提示输入求职者技能、求职意向和个人信息等，如图 2-4 所示。

图 2-3   图 2-4

2.1.2 插入特殊符号

键盘上虽然设置了一些常见的符号，但是如果需要在文档中输入键盘上没有的一些特殊符号，就可以通过 Word 中的"符号"对话框来完成。

插入特殊符号的操作步骤如下。

01 将插入点光标定位在需要插入符号的位置，单击"插入"选项卡下"符号"选项组中的"符号"按钮，在弹出的菜单中选择"其他符号"命令，如图 2-5 所示。

02 在弹出的"符号"对话框中，单击"符号"选项卡中"字体"下拉列表框右侧的下三角按钮，在展开的下拉列表中选择"Wingdings"选项，在符号列表框中单击需要使用的符号，然后单击"插入"按钮，如图 2-6 所示。

03 重复插入所需的符号，如图 2-7 所示。

图 2-5

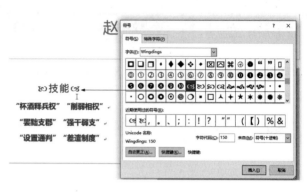

图 2-6 图 2-7

04 当需要为文档插入更多符号时，则在插入第一个符号后不要关闭对话框，继续选择文档中的位置，然后插入其他特殊符号即可，如图 2-8 所示。

05 将所有符号插入完毕后，再单击"关闭"按钮，即可关闭"符号"对话框。此外，在"特殊字符"选项卡中可以看到一些特殊字符的快捷键输入方式，如图 2-9 所示。

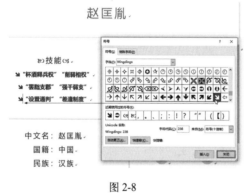

图 2-8 图 2-9

通过键盘输入是最常见的输入方式，但并不是唯一的方式。用户还可以通过粘贴或使用"插入"菜单中的命令进行输入。

2.2 在文档中导航

用户在处理文档的过程中，也许需要在文档中移动以浏览文档的其他部分。文档窗口中的滚动条可以最直观地帮助用户在文档中导航，用户也可以使用键盘来进行此操作。

使用滚动条和滚动按钮是最常用的在文档中移动的方法。每个滚动条都有滚动块，在滚动条的两端还各有一个箭头按钮。用户也可以使用键盘滚动文档。

使用鼠标控制滚动条来滚动文档的方法有数种，具体采用哪种方法需要视在文档中移动的距离而定。

- 使用鼠标滚轮进行短距离的上下滚动是最方便的。
- 如果只滚动很短的距离，可单击滚动条两端的箭头按钮。如果想加速滚动，可以一直按住鼠标左键。
- 如果要向上或向下滚动一屏，可单击滚动条中滚动块上方或下方的任何位置。
- 如果要按比例在文档中滚动，可拖动滚动块上下移动。例如如果要滚动到文档的中部，则可将滚动块拖动到滚动条的中部。在拖动滚动块时，旁边将弹出一个提示框，显示当前页码。

滚动时，插入点光标并不随之移动。在滚动到文档的其他部分后，如果想要在新位置输入文字，必须先单击一下要输入文字的位置，然后才能在新位置进行输入。如果忽略了这一点，则当用户想输入时，Word 将自动回到插入点光标处。

如果熟悉键盘的快捷键操作，那么，使用键盘进行浏览实际上效率是非常高的，专业的录入排版人员基本上都是使用键盘在文档中进行导航定位的。

表 2-1 列出了可使用的键盘导航快捷键。

表 2-1　键盘导航快捷键

快捷键	效果
上方向键或下方向键	向上或向下移动一行
左方向键或右方向键	向左或向右移动一个字符
Ctrl ＋左方向键或 Ctrl ＋右方向键	向左或向右移动一个单词
Home 或 End	当前行的开始或结尾
Ctrl ＋ Home 或 Ctrl ＋ End	文档的开始或结尾
Page Up 或 Page Down	上下滚动一屏
Ctrl ＋ Page Up 或 Ctrl ＋ Page Down	上下滚动一页
Shift ＋ F5	回到上次编辑的位置

2.3　选择文本

在完成文字输入后，用户也许想对文档进行编辑或格式设置。无论要进行哪种操作，用户都必须先选定想进行操作的文字。通过选定，Word 便知道了用户的工作对象。

2.3.1　通过拖动进行选定

指向并拖动是选定文字最直观的方法。小到一个字符，大到整篇文档，都可以使用这种方法进行选定。

用户也可以上下或横向拖动，以选定行、段落以至整篇文档。当拖动到文档窗口的顶部或底部时，文档将自动滚动以扩展选定范围。

如果要取消选定，则可以单击突出显示的选定区域外的任何位置。

用户可以改变 Word 进行选定的方式，这样就可以在拖动时自动选定整个单词。设置方法如下：

01 单击"文件"选项卡，然后单击 "选项"。

02 单击"高级"分类，再选中右侧的"选定时自动选定整个单词"复选框，如图 2-10 所示。

图 2-10

2.3.2　通过鼠标单击进行选定

Word 还提供了一些通过鼠标单击选定特定文字的快捷方式。用户可以在文档的文字中单击，或通过在左页边距中单击来选定整行、整段或整篇文档。表 2-2 说明了如何通过单击选定文档中的不同部分。

表 2-2　通过鼠标单击选定文字

要选定的对象	方法
一个单词	双击单词
一个句子	按住 Ctrl 键，然后单击句子
一个段落	三次单击段落（间隔时间要短，连续单击）
一行	在此行左侧的页边距中单击
整篇文档	在左页边距中三击；或按住 Ctrl 键，然后在左页边距中单击

用户也可以通过结合使用单击和拖动，使选定操作更为快速。例如，可以在左页边距中单击以选定一行，然后按住鼠标左键，通过上下拖动，选定其他行。

2.3.3 通过键盘进行选定

如果用户不喜欢使用鼠标，那么 Word 也为用户提供了通过键盘执行所有命令的方法，包括选定操作在内，表 2-1 列出了通过键盘进行导航的快捷键。要使用键盘进行选定，请按以下步骤进行操作。

01 使用方向键将插入点光标移到选定区域的起始位置。

02 按住 Shift 键，同时使用方向键将插入点光标移动到选定区域的结束位置。

按住 Shift 键和方向键，可以很快地进行选定和滚动。

03 松开 Shift 键。

提示：快速选定大段文字

如果要快速选定大段文字，则可以在使用键盘快捷键进行导航的同时，按住 Shift 键。例如：

- 如果要选定当前段落，可同时按住 Alt + Shift 键和上方向键或下方向键。
- 如果要选定从插入点光标到行首或行尾的内容，可按快捷键 Shift + Home 或 Shift + End。
- 如果要选定屏幕上显示的所有内容，可将插入点光标移至屏幕顶端，然后按快捷键 Shift + Page Down。
- 按快捷键 Ctrl + A 可选定整篇文档。
- 如果要加速文字的选定，可以使用"Shift + 单击"，即在单击鼠标时按住 Shift 键。如果要扩展已有的选定区域，或者要选定的区域范围很大，跨越了多个屏幕时，Shift + 单击将是十分方便的方法。

2.4 复制与剪切文本

需要重复使用文档中的内容或对内容进行移动时，可以使用 Word 中的复制与剪切功能完成操作。

2.4.1 复制文本

复制文本就是将文档中的某些内容重复制作一份，复制文本内容时可以通过多种方法完成操作，下面介绍 3 种比较常用的方法。

方法 1：使用快捷菜单命令进行复制

打开 Word 文档，选中需要复制的文本，然后单击鼠标右键，在弹出的快捷菜单中选择"复制"命令，如图 2-11 所示，即可完成文本的复制操作。

方法 2：使用命令按钮进行复制

选中需要复制的文本，然后单击"开始"选项卡下"剪贴板"选项组中的"复制"按钮，如图 2-12 所示，即可将该文本复制到剪贴板中。

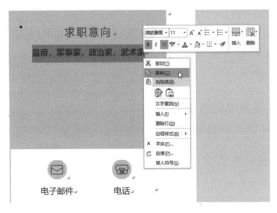

图 2-11

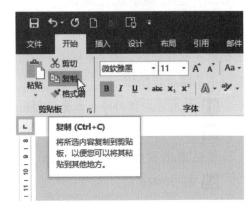

图 2-12

方法 3：使用快捷键进行复制

选中需要复制的文本，然后按快捷键 Ctrl + C。这实际上是最快速的方法，也是本书提倡的方法。

2.4.2 剪切文本

剪切文本是将文本从一个位置移动到另一个位置（注意：原位置的内容在剪切之后将不复存在），执行该操作时也有 3 种方法可以使用，在图 2-11 和图 2-12 中分别可以看到和"复制"命令相邻的"剪切"命令，说明它的前 2 种方法和复制的方法是一样的，而第 3 种方法则是按快捷键 Ctrl + X。

2.4.3 粘贴文本

将文本复制或剪切后只是将文本转移到剪贴板中，要想将其移动到文档中还需要执行粘贴操作。粘贴时可以根据所选的内容选择适当的粘贴方式。

执行粘贴操作时，根据所选的内容格式，Word 会提供 3 种粘贴方式，分别为保留源格式、合并格式以及只保留文本。用户可以根据需要选择相应的粘贴方式。下面以只保留文本为例来介绍 3 种粘贴文本的方法。

方法 1：通过快捷菜单命令进行粘贴

打开文档，选择需要复制的文本，单击鼠标右键，在弹出的快捷菜单中选择"复制"命令，然后在需要粘贴到的位置右击，在弹出的快捷菜单中单击"粘贴选项"区域中的"只保留文本"按钮，如图 2-13 所示。

经过以上操作，即可完成只保留文本的粘贴操作。

方法 2：使用选项组进行粘贴

打开文档，选择一段文本进行复制后，单击"开始"选项卡下"剪贴板"选项组中"粘贴"按钮下方的三角按钮，在展开的菜单中单击"粘贴选项"区域中的"只保留文本"按钮，如图 2-14 所示。

图 2-13

图 2-14

经过以上操作，同样可以完成只保留文本的粘贴操作。

方法 3：使用"选择性粘贴"命令

使用普通的"粘贴"命令，可将剪切或复制到剪贴板上的副本原封不动地复制到插入点光标处。根据所复制的内容的不同，还会出现不同的粘贴选项，如图 2-15 所示。

图 2-15

比较图 2-14 和图 2-15 可以发现，前者只有 4 个粘贴选项，而后者有 5 个粘贴选项，这就是由于复制或剪切的内容不同而造成的。那么，这些选项究竟是什么呢？我们可以通过 "选择性粘贴"命令来清晰地看到它们，其使用方法如下。

01 从当前文档或其他应用程序中剪切或复制文字、图形或其他对象。

02 将插入点光标移动到相应位置。

03 单击"开始"选项卡，然后单击"剪贴板"选项组中的"粘贴"按钮下方的三角按钮，在展开的菜单中单击"选择性粘贴"，如图 2-16 所示。

04 在出现的"选择性粘贴"对话框中，可以看到多种粘贴选项（它们对应于前面提到的粘贴选项按钮）。选择"无格式文本"，则粘贴的结果和前两种方法是一样的，如图2-17所示。单击"确定"按钮，完成粘贴。

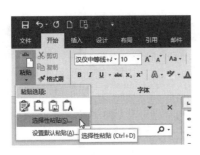

图 2-16

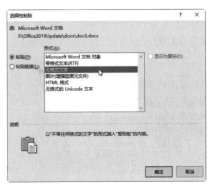

图 2-17

> **提示：**"选择性粘贴"命令是一个非常实用的命令，善用它可以解决许多内容复制方面的问题。用户可以多次尝试，以了解各种粘贴选项的区别。如果要直接粘贴复制的内容（包括格式），可以按快捷键 Ctrl + V。

2.4.4　使用格式刷复制文本格式

需要单独复制文本的格式时，可通过格式刷来完成操作。为文本复制格式时，可以一次为一处文本应用复制的格式，也可以一次为多处文本应用复制的格式。

方法1：为一处文本应用复制的格式

01 打开文档，选中要复制格式的文本（这里选择的源格式文本是"赵匡胤"，它应用了"方正启体简体"字体），然后在"开始"选项卡下单击"剪贴板"选项组中的"格式刷"按钮，如图2-18所示。

02 格式刷光标（在光标左边显示了一把小刷子）出现后，按住鼠标左键拖动经过需要应用格式的文本，如图2-19所示。

03 此时拖动鼠标经过的文本（"中国"）就会应用复制的格式，它同样获得了"方正启体简体"字体，如图2-20所示。

方法2：为多处文本应用复制的格式

01 打开文档，选中具有源格式的文本，在"开始"选项卡下双击"剪贴板"选项组中的"格式刷"按钮。

02 当光标变为刷子形状时，按住鼠标左键依次拖动经过需要应用格式的文本。

> **注意：**双击（而不是单击）"剪贴板"选项组中的"格式刷"按钮时，为第一处文本应用格式后光标仍为刷子形状，即可为下一处文本应用格式。

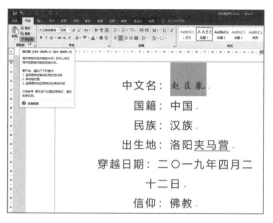

图 2-18

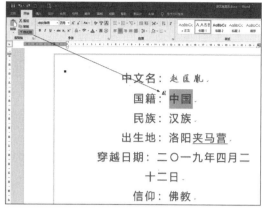

图 2-19

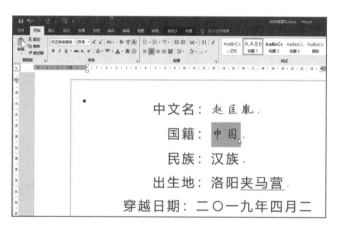

图 2-20

2.5　查找与替换文本

面对大量信息，在文档处理过程中手动搜寻特定文字或批量修改内容无疑是一项耗时费力的任务。幸运的是，Word 应用程序内置的查找与替换工具极大地简化了这一流程，允许用户以极为高效的方式执行查找和替换操作。这一功能不仅能够迅速定位文档中的任何目标文本，还能够在找到这些内容后，一键将其替换为用户指定的新文本，从而大幅度提升了文本编辑和文档管理的效率与便捷性。

2.5.1　查找文本

要在 Word 中查找文本，可以按以下步骤操作。

01 启动 Word 并打开文档，在"开始"选项卡下单击"编辑"选项组中的"查找"按钮，如图 2-21 所示。

图 2-21

02 此时 Word 将在左侧窗格中打开"导航"面板。"查找"功能和"导航"共享这个"导航面板"。在该面板中，用户可以输入要查找的关键字，例如"Photoshop"，如图 2-22 所示。

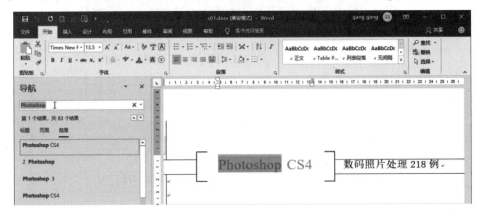

图 2-22

03 可以看到，Word 立即显示了查找匹配到的结果数量，并且单击其中一项即可定位到该结果所在的位置。这和导航视图是否有异曲同工之妙？这也是它们共享同一个面板的原因。

> **提示：** 查找文本的快捷键是 Ctrl + F。

2.5.2 替换文本

查找和替换是一对关联性极大的操作。在文档中替换文本内容时，可直接通过"查找和替换"对话框来完成。设置好查找和替换的内容后，即可执行替换操作。要替换文本，可以按以下步骤操作。

01 启动 Word 并打开文档，在"开始"选项卡下单击"编辑"选项组中的"替换"按钮，如图 2-23 所示。

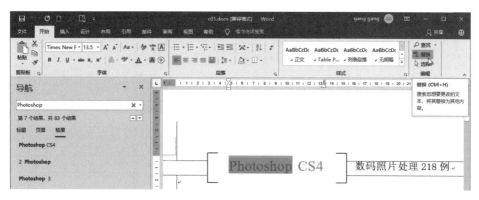

图 2-23

02 此时将打开"查找和替换"对话框，在"替换"选项卡下的"查找内容"和"替换为"文本框中分别输入相关内容，然后单击"查找下一处"按钮，如图 2-24 所示。

03 被查找的内容会被选中并显示出来，需要查找下一处时可以再次单击"查找下一处"按钮，当需要替换的内容出现后，单击"替换"按钮，如图 2-25 所示。

04 单击"全部替换"按钮，即可完成快速替换文本的操作。

图 2-24

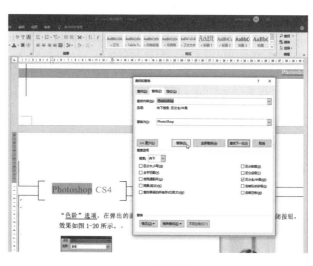

图 2-25

2.5.3 使用查找和替换选项

单击位于"查找和替换"对话框底部的"更多"按钮，用户将看到一些附加的选项和按钮，使用它们，用户能更为精确地设置 Word 查找的方式。如图 2-26 所示，"查找内容"和"替换为"中填写的内容其实是一样的，只是修改了一个字母 s 的大小写。要实现这样的替换，就必须选中"区分大小写"选项。

17

图 2-26

下面将介绍这些选项的使用。

● 搜索范围：设置 Word 对哪部分文档进行搜索。其默认设置为"全部"，即从插入点光标开始，搜索整篇文档。用户也可以选择"向上"或"向下"，即从插入点光标开始，搜索到文档的开始部分或结束部分。

> **提示：** 如果要搜索文档中的某一部分，可在搜索前先选定该部分。

● 区分大小写：Word 查找到的文字必须同"查找内容"框中输入文字的大小写形式相同。通常，Word 将查找输入文字的各种大小写形式，如大写、小写和大小写混合忽略，但如果选中此选项，Word 将只查找与输入项大小写完全匹配的文字。

● 全字匹配：如果键入的单词只是其他单词中的一部分，那么 Word 在查找时将忽略它们。例如，如果选中了此选项，那么在搜索单词"Word"时，Word 将忽略"Words"或"password"这样的单词。如果用户查找的单词是许多其他单词的一部分，那么该选项对于准确找出目标文本将非常有用。

● 使用通配符：让 Word 识别"*" "?" "!"或其他通配符（通配符可替代文字中的一个或几个字符），而不是将通配符处理为普通文字。例如，如果搜索"7*GT"，那么可以查找到如"7300GT" "7600GT"和"7900GT"这样的匹配结果。

2.6　撤销、恢复操作

Word 会自动记录下一段时间内用户对文档的每一个修改，并可让用户任意撤销这些改动，只要没有退出 Word，用户甚至可以把文档恢复到几个小时前的状态，而且格式上的改动也可以撤销。Word 同时提供了"恢复"命令，可恢复已撤销的更改。

"撤消[①]"命令是文档编辑中最常用的命令之一，所以它获得了应有的待遇——它位于"快速访问工具栏"上，如图 2-27 所示。

但是，对于编辑文档的老手来说，这样方便的按钮仍然很难用到，因为他们更习惯于使用快捷键 Ctrl + Z。

按快捷键 Ctrl + Z 只能一次撤销一步操作。用户还可以使用"撤消"列表，一次完成多步改动。使用这些列表的方法是：单击"快速访问工具栏"上"撤消"按钮旁边的箭头按钮，用户将看到已进行的操作的列表，如图 2-28 所示。

单击最近的操作，便可以完成"撤消"命令；用户也可以拖动鼠标，或在菜单中滚动，来选择多个操作，完成"撤消"命令。在列表底部的批注将显示要进行"撤消"操作的数目。

图 2-27 图 2-28

---

① 正确的写法应为"撤销"，本书讲解时将双引号中的"撤销"写成"撤消"是为了和软件保持一致。

第 3 章　格式化文档

在文档中，文字是组成段落的最基本内容，任何一个文档都是从段落文本开始进行编辑的，当输入所需的文本内容后即可对相应的段落文本进行格式化操作，从而使文档层次分明，便于阅读。

3.1　设置文本格式

在 Word 中，文档格式设置分为 5 个层次：对于字符、对于段落、对于节、对于页面和对于整个文档。

设置文本格式有两种方式：一种是首先选中文字，然后选择相应选项，将已有文字设置为任何格式；另一种是先选择格式选项，再输入文字，这样所输入的文字就会被设置为所选择的格式。

- 如果要选中已有的字符、段落或节，请在相应文字上拖动鼠标。选中后即可选择格式设置选项。
- 如果要设置单个段落或节的格式，请在任意位置单击鼠标，然后选择格式选项。
- 如果要设置文档的格式，则可以选择"页面主题"中的格式选项。

使用样式可以一次存储并应用若干种字符或段落的格式选项。

设置文本格式包括对文字的字体、字形、大小、外观效果、字符间距等内容的设置，对于有特殊需要的字符，还可以为其应用带圈字符、上标、下标、艺术字以及首字符下沉等格式。通过对这些方面的设置，文本将会展现出全新的面貌。

在 Word 中，文本格式的设置主要通过"开始"选项卡下的"字体"选项组来完成，该功能区中所包括的内容如图 3-1 所示。

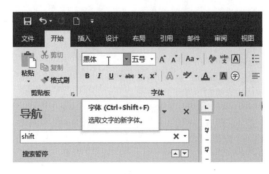

图 3-1

3.1.1 设置文本的字体、字形和大小

通常情况下，一个文档中不同的内容对文本格式的要求会有所不同，例如标题与正文就会有明显的区别，这些区别可以体现在字体、字形、大小等方面。一般情况下标题都会比正文显眼一些。下面就来介绍标题文本格式的设置操作。

01 启动 Word 并打开文档，选中需要设置格式的标题文本，如图 3-2 所示。

图 3-2

02 在"开始"选项卡中，单击"字体"选项组中"字体"下拉列表框右侧的下三角按钮，展开"字体"下拉列表后，单击需要使用的字体"方正琥珀简体"。

03 设置了标题的字体后，单击"字体"选项组中"字号"下拉列表框右侧的下三角按钮，在展开的下拉列表框中单击"二号"选项。

04 单击"字体"选项组中"下划线"按钮右侧的下三角按钮，在弹出菜单中选择并设置文本的下画线，完成对标题的文本字体、字形、大小的设置操作，如图 3-3 所示。

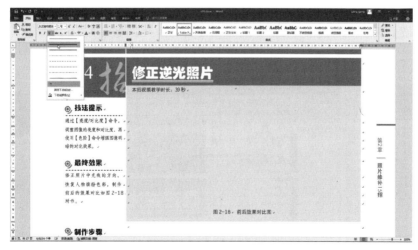

图 3-3

提示： 为文本设置格式后，如果需要清除全部格式，则可以选中目标文本，在"开始"选项卡中单击"样式"选项组下的"其他"按钮，在弹出的菜单中选择"清除格式"命令，即可清除之前设置的所有文本格式，如图 3-4 所示。

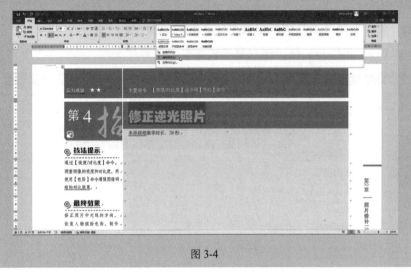

图 3-4

3.1.2　设置文本的外观效果

通过设置文本的外观效果，可以使文本变得更加多样美观。外观包括文本颜色、填充、发光、映像等效果，设置时可以直接使用 Word 中预设的外观效果，也可以自定义制作渐变填充的文本效果。

1. 使用预设样式设置文本外观效果

Word 中预设了 20 种文本效果，在选择预设样式后，还可以再根据需要对文本的发光、映像等效果进行自定义设置。

01 选择需要设置外观效果的文本，在"开始"选项卡下单击"字体"选项组中的"文本效果"按钮，弹出文本效果库后，单击需要使用的效果"渐变填充：水绿色，主题色 5；映像"图标，如图 3-5 所示。

图 3-5

02 选择文本样式后，再次单击"文本效果"按钮，在弹出的文本效果库中指向"映像"选项，在级联列表中单击"映像变体"区域内的"半映像：4 磅 偏移量"图标，如图 3-6 所示。

03 再次单击"文本效果"按钮，在弹出的文本效果库中指向"阴影"选项，在级联列表中单击"偏移：右"图标，如图 3-7 所示。

图 3-6

图 3-7

用户还可以自己尝试更多的文本外观效果设置选项。

2. 自定义制作渐变色彩的文本效果

除了使用预设的文本效果，还可以自定义文本的填充方式，对文字效果进行设置。

01 选中需要设置效果的文本，单击"开始"选项卡下"字体"选项组中的"字体"按钮，如图 3-8 所示。

02 弹出"字体"对话框，单击"文字效果"按钮，如图 3-9 所示。

图 3-8

图 3-9

23

03 弹出"设置文本效果格式"对话框，单击"文本填充"展开按钮，在弹出的选项中选中"渐变填充"单选按钮，如图 3-10 所示。

04 单击对话框下方的"颜色"按钮，在展开的颜色列表中单击"红色"选项，如图 3-11 所示。

05 单击"渐变光圈"色条中的第 2 个滑块，然后单击"颜色"按钮，在弹出的下拉列表中单击"橙色"选项，如图 3-12 所示。

图 3-10

图 3-11

图 3-12

06 单击第 4 个滑块，然后单击"颜色"按钮，在弹出的下拉列表中单击"深蓝"选项，如图 3-13 所示。

07 单击"方向"按钮，在展开的方向样式库中单击"线性向右"图标，如图 3-14 所示。最后单击"关闭"按钮返回"字体"对话框，单击"确定"按钮。

图 3-13

图 3-14

经过以上的步骤，就完成了自定义制作渐变填充文本效果的操作，最终效果如图 3-15 所示。

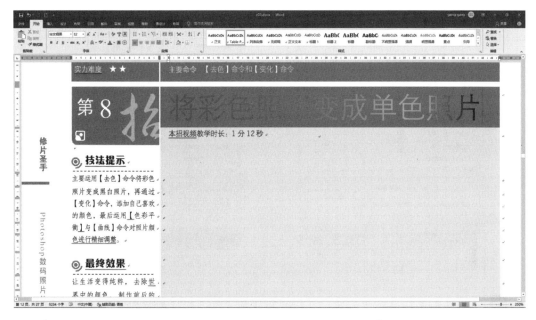

图 3-15

3.1.3 设置字符间距

字符间距是指字符与字符之间的距离，字符的间距主要有加宽和紧缩两种类型，本节中以加宽字符间距为例介绍设置字符间距的操作。

01 启动 Word，打开文档，选中需要设置字符间距的文本（例如，本示例中的"技法提示"），单击"开始"选项卡下"字体"选项组中的"字体"按钮，如图 3-16 所示。

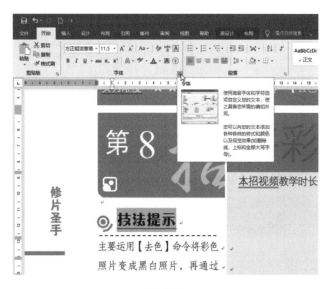

图 3-16

02 弹出"字体"对话框，切换到"高级"选项卡，单击"间距"下拉列表框右侧的下三角按钮，在展开的下拉列表中选择"加宽"选项，如图 3-17 所示。

03 选择间距类型后单击"磅值"数值框右侧的上调按钮，将数值设置为"3 磅"，最后单击"确定"按钮，如图 3-18 所示。

图 3-17

图 3-18

04 完成以上操作后返回文档，可以看到加宽字符间距后的效果（和下面未加宽字符间距的"最终效果"相比，非常明显），如图 3-19 所示。

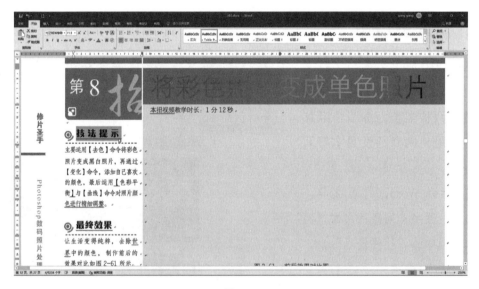

图 3-19

3.1.4 制作艺术字

艺术字就是具有艺术效果的字，在 Word 文档中为文本添加艺术字效果，可以使文档更加美观和富于变化。Word 对艺术字的效果进行了多方面改进，使其效果更加丰富。选择艺术字样式后，还可以根据需要对样式进行自定义。

01 启动 Word，打开文档，选中需要设置为艺术字的文本（仍然以"技法提示"为例），切换到"插入"选项卡，单击"文本"选项组中的"插入艺术字"按钮，如图 3-20 所示。

02 在弹出的"艺术字"库中单击图 3-21 所示的图标。

图 3-20

图 3-21

03 添加艺术字后，在它旁边会显示一个"布局选项"按钮，单击它即可显示一个"布局选项"菜单，通过该菜单可以设置艺术字的文字环绕格式，例如"上下型环绕"，如图 3-22 所示。

04 在添加艺术字之后，会出现一个"形状格式"选项卡，在该选项卡中可以对艺术字进行更多的设置。例如，可以单击"编辑形状"按钮，在弹出菜单中选择"更改形状"，然后选择一个形状。本示例中选择的是"卷形：水平"，如图 3-23 所示。

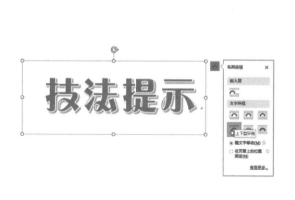

图 3-22

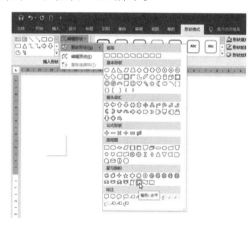

图 3-23

05 在"快速样式"下拉菜单中可以选择艺术字形状样式的一种效果，如图 3-24 所示。

06 艺术字本身也可以选择和设置不同的样式，如图 3-25 所示。

07 或者也可以对艺术字本身做转换变形处理，方法是从"转换"下拉菜单中选择一种样式（本示例选择的是"朝鲜鼓"），如图 3-26 所示。

总之，在 Word 中，艺术字可以变化和设置的样式是非常丰富的，用户可以不断尝试，选择自己认为合适的外观效果。

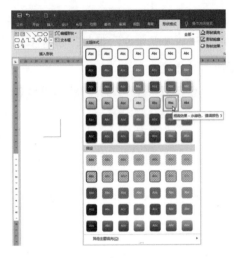

图 3-24

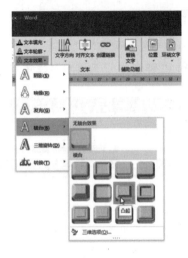

图 3-25

图 3-26

3.2 设置段落格式

　　段落的格式设置选项包括缩进、制表位、文字对齐方式和行距等。可以使用标尺来设置缩进和制表位，或单击"格式"工具栏上的按钮来设置文字对齐方式，或通过"段落"对话框，完成段落的所有格式设置。

因为段落格式设置选项的对象是整个段落，所以只需单击段落中任意位置，即可选中该段落。如果要将格式设置应用于多个段落，则必须至少在每一个目标段落中都选择一部分，或按快捷键 Ctrl + A 选中整个文档。

段落标记对格式设置是很有帮助的，它可使用户看清段落结束和开始的位置。

设置段落格式时，主要在"段落"选项组中完成设置，最基本的是段落对齐方式、段落大纲、缩进以及段落间距的设置。"段落"选项组中包括对齐方式、项目符号、增加缩进量等按钮。

3.2.1　设置段落的对齐方式

段落的对齐方式包括文本左对齐、居中对齐、右对齐、两端对齐和分散对齐 5 种，用户可以根据文本的内容和具体要求对段落的对齐方式进行设置。

要设置段落对齐方式，请按以下步骤操作。

01 启动 Word，打开文档，将插入点光标定位在需要设置对齐方式的文本（如图题）中，在"开始"选项卡下单击"段落"选项组中的"居中"按钮，如图 3-27 所示。

02 大多数情况下，Word 默认的文本段落对齐方式是"两端对齐"，如图 3-28 所示。

图 3-27

图 3-28

提示： 设置段落左对齐的快捷键为 Ctrl + L，右对齐的快捷键为 Ctrl + R，居中对齐的快捷键为 Ctrl + E，两端对齐的快捷键为 Ctrl + J。这些都是需要牢记和经常运用的快捷键。

3.2.2　设置段落的大纲级别、缩进和间距格式

设置段落的大纲级别、缩进和间距时，可在"段落"对话框中一次性完成设置，具体操作步骤如下。

01 启动 Word，打开文档，选中需要设置段落格式的段落，单击"开始"选项卡下"段落"选项组中的"段落设置"按钮，如图 3-29 所示。

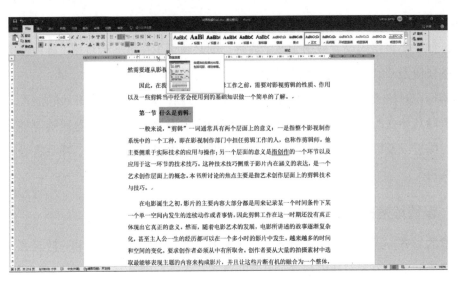

图 3-29

02 在打开的"段落"对话框中，在"缩进和间距"选项卡下，单击"常规"选项组中"大纲级别"下拉列表框右侧的下三角按钮，在展开的下拉列表中选择"3级"选项，如图3-30所示。

03 单击"缩进"选项组中"特殊"格式下拉列表框右侧的下三角按钮，在弹出的下拉列表中选择"首行"缩进选项，如图3-31所示。

04 输入"缩进值"为1。单击"间距"选项组中"段前"数值框右侧的上调按钮，将数值设置为"1行"，将"段后"设置为"0.5行"，选择"行距"为"1.5倍行距"，如图3-32所示。最后单击"确定"按钮。

图 3-30

图 3-31

图 3-32

完成以上操作后返回文档，此时在文档的正文中即可看到设置了缩进和段落间距的效果，如图3-33所示。

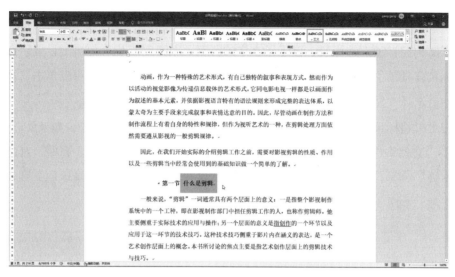

图 3-33

3.2.3　设置段落的垂直对齐格式

段落的垂直对齐方式有时非常有用。现在我们就通过一个操作示例来说明这个问题。

01 输入一段图文混排的文本，并且它们在同一行上，如图 3-34 所示。

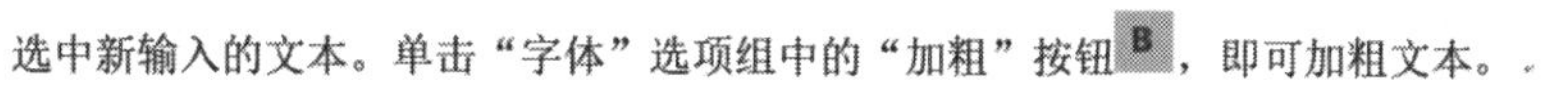

选中新输入的文本。单击"字体"选项组中的"加粗"按钮 **B**，即可加粗文本。

图 3-34

02 可以看到，该行由于有图片，导致了段落的垂直对齐不太协调。要解决这种情况，可以单击"开始"选项卡下"段落"选项组中的"段落设置"按钮，在出现的"段落"对话框中，单击"中文版式"选项卡，然后从"文本对齐方式"下拉菜单中选择"居中"，如图 3-35 所示。

03 单击"确定"按钮，现在可以看到图片已经很好地实现了和文本的垂直对齐，如图 3-36 所示。

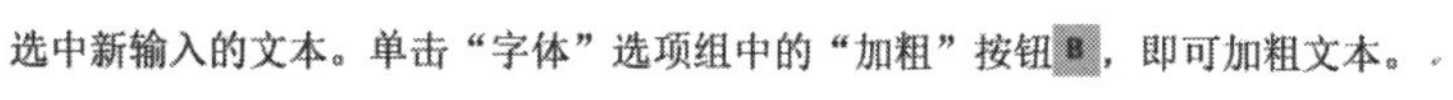

图 3-35

选中新输入的文本。单击"字体"选项组中的"加粗"按钮 **B**，即可加粗文本。

图 3-36

3.2.4 通过标尺设置缩进

位于文档窗口顶部的标尺，显示了文字的行宽，以及制表位和缩进的设置。在默认状态下，标尺度量单位是厘米。如果在文档窗口顶部没有看到标尺，则可以单击"视图"选项卡，然后选择"显示"选项组中的"标尺"复选框，如图 3-37 所示。

用户可以将标尺的度量单位设置为英寸、厘米、毫米、磅或派卡等。如果要进行修改，可以单击"文件"选项卡，然后选择"选项"命令，在出现的"Word 选项"对话框中，单击"高级"分类，然后在右面的窗格中找到"显示"栏，再从"度量单位"列表中选择另一个选项，如图 3-38 所示。

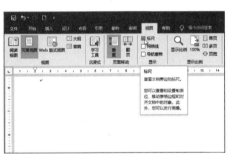

图 3-37

图 3-38

标尺由两部分组成：白色区域代表文档中的文字区域，而阴影区域代表页边，如图 3-39 所示。

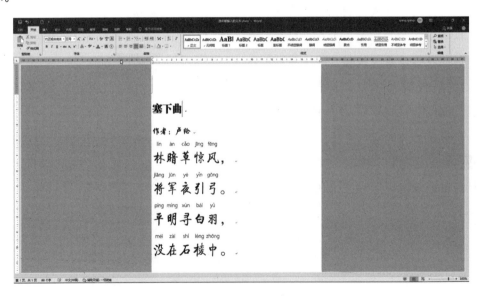

图 3-39

用户可以将缩进标记拖动到标尺的任何位置，甚至拖动到页边区域。例如，对于诗歌名（塞下曲），如果要让它居中显示，则可以将光标停放在该行，然后直接拖动标尺中的"首行缩进"标记，如图 3-40 所示。

页边距的大小由"页面设置"对话框控制，双击标尺的阴影区域，即可显示该对话框，如图 3-41 所示。

图 3-40 　　　　　　　　　　　　　　　图 3-41

标尺的 4 种缩进标记代表了段落的 4 种缩进形式，每一个标记的位置说明了当前段落的缩进方式。如果要设置缩进，可将标记拖动到标尺的其他位置，如图 3-42 所示。

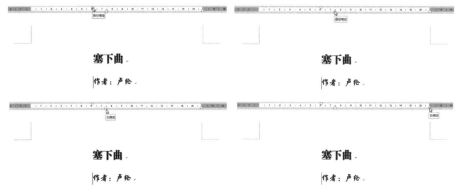

图 3-42

请用户尝试选中一个段落，然后拖动这些标记，再观察这些标记的功能。这 4 种缩进标记对文字各有不同的作用。

- "左缩进"标记使整个段落向左缩进一个距离。如果段落中还包含一个首行缩进，则"首行缩进"标记将随"左缩进"标记的移动而相应移动，以保持第一行与段落中其他行的相对位置不变。

- "首行缩进"标记仅作用于段落的第一行。通过它，可以创建普通缩进或悬挂缩进。悬挂缩进是指段落第一行的缩进量小于其他行。如果要在第一行设置悬挂缩进，则可将"首行缩进"标记拖到"左缩进"标记的左方。

- 通过"悬挂缩进"标记，也可以创建悬挂缩进，它控制除首行外的其他行的缩进。如果要通过"悬挂缩进"标记设置缩进，可将它拖动到"首行缩进"标记的右侧。悬挂缩进与左缩进外观相似，很容易让人误认为两者没有区别。但它们还是有所不同。

- 当用户移动"左缩进"标记时，"首行缩进"标记也随之移动，以保证第一行与其他行之间的相对位置不变。

- 当用户移动"悬挂缩进"标记时，"首行缩进"标记保持不动，第一行与其他行之间的相对位置发生了改变。

- "右缩进"标记用于调整段落右侧的缩进，即设置段落内容到页面右边界的距离，这会影响段落最后一行的结束位置。

使用缩进控制有以下两大优点。

- 用户可以轻而易举地合并段落，而不必考虑段落之间多余的空格字符。

- Word 将对每个段落自动缩进，因为，每当用户按 Enter 键时，新段落将自动继承前面段落的缩进方式。

3.3　项目符号与编号的应用

项目符号与编号用于对文档中带有并列性的内容进行排列。使用项目符号可以使文档更加美观，有利于美化文档，而编号是使用数字形式对并列的段落进行顺序排号，使其具有一定的条理性。

3.3.1　使用项目符号

为文档添加项目符号时，可以直接使用项目符号库中的符号，也可以在程序的符号库中选择已有符号自定义新项目符号。

1. 使用符号库中的符号

在 Word 的项目符号库中预设了圆形、矩形、棱形等 7 种项目符号，应用时可在符号库中直接选取目标符号。请按以下步骤操作。

01 启动 Word，打开文档，选择需要添加项目符号的段落，在"开始"选项卡下单击"段落"选项组中"项目符号"按钮右侧的下三角按钮，如图 3-43 所示。

02 在弹出的下拉菜单中，选择项目符号库中的项目符号，如图 3-44 所示。

03 完成以上操作后就实现了使用预设项目符号的操作，如图 3-45 所示。

图 3-43

图 3-44

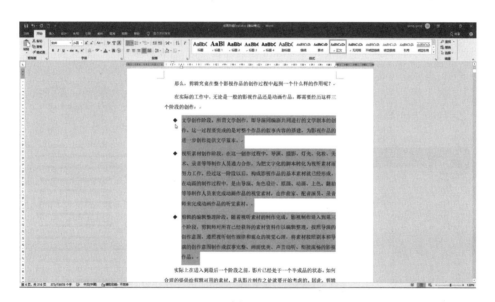

图 3-45

2. 定义新项目符号

程序中预设的项目符号数量有限，如果用户希望使用更精彩的项目符号，可以根据需要定义新的项目符号，操作步骤如下。

01 打开文档，选中目标段落，在"开始"选项卡下，单击"段落"选项组中"项目符号"按钮右侧的下三角按钮，如图 3-46 所示。

02 弹出项目符号库，单击"定义新项目符号"选项，如图 3-47 所示。

03 弹出"定义新项目符号"对话框，单击"符号"按钮，如图 3-48 所示。

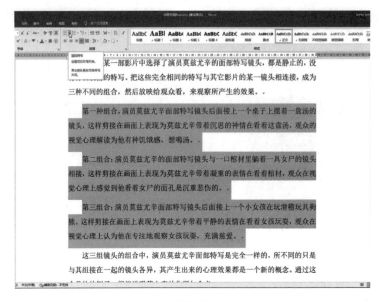

图 3-46

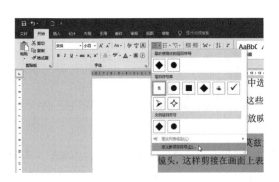

图 3-47

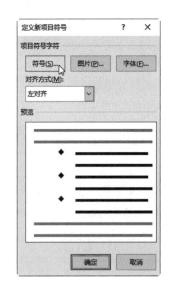

图 3-48

04 弹出"符号"对话框，将"字体"设置为 Wingdings，单击需要作为项目符号的符号，最后单击"确定"按钮，如图 3-49 所示。

05 返回"定义新项目符号"对话框，单击"字体"按钮，如图 3-50 所示。

06 弹出"字体"对话框，将"字体颜色"设置为"蓝色"，在"字号"列表框中单击"四号"选项，如图 3-51 所示。最后依次单击对话框中的"确定"按钮。

07 返回文档后，可以看到所选择的文档已经应用了新定义的项目符号，效果如图 3-52 所示。

图 3-49

图 3-50

图 3-51

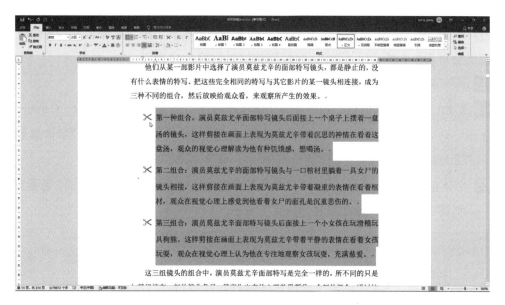

图 3-52

3.3.2　编号的应用

对文本使用编号是按照一定的顺序使用数字对文本内容进行编排。使用编号时可以使用预设的编号样式，也可以定义新的编号样式。由于使用预设编号的操作与使用预设项目符号的操作相似，所以本节中只介绍定义新编号样式的操作。

01 启动 Word，打开文档，选中需要应用编号的段落，在"开始"选项卡下单击"段落"选项组中"编号"按钮右侧的下三角按钮，在弹出的菜单中选择"定义新编号格式"命令，如图 3-53 所示。

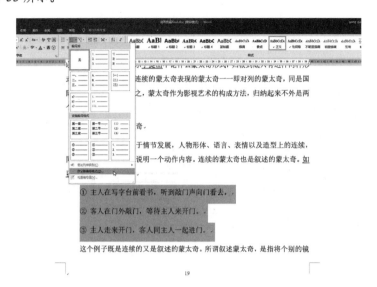

图 3-53

02 弹出"定义新编号格式"对话框，单击"编号样式"按钮右侧的下三角按钮，在弹出的下拉列表中选择"1st，2nd，3rd..."选项，如图 3-54 所示。

03 选择编号样式后单击"字体"按钮，如图 3-55 所示。

04 弹出"字体"对话框，在"字体"选项卡中将"西文字体"设置为"Century"，在"字形"列表框中单击"加粗"选项，设置"字号"为"小四"，选择"字体颜色"为绿色，"下划线线型"为双线，如图 3-56 所示。最后单击"确定"按钮。

05 字体格式设置完毕后，返回"定义新编号格式"对话框，将"对齐方式"设置为"左对齐"，如图 3-57 所示。最后单击"确定"按钮。

图 3-54   图 3-55   图 3-56   图 3-57

06 完成定义新编号样式的操作，返回文档，即可看到文本应用新编号样式后的效果，如图 3-58 所示。

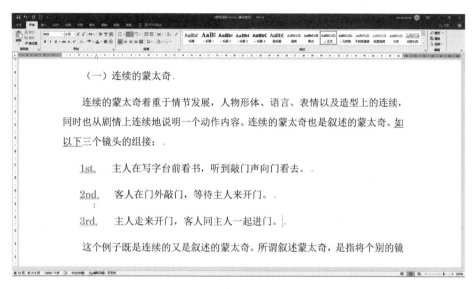

图 3-58

3.4　设置边框和底纹

在进行文字处理时，可以在文档中添加多种样式的边框和底纹，以增加文档的生动性和实用性。

3.4.1　设置边框

不同的边框设置方法也不同，Word 提供了多种边框类型，用来强调或美化文档内容。

1. 设置段落边框

01 启动 Word，打开文档，选择需要进行边框设置的段落，选择"开始"选项卡下"段落"选项组中的"边框"按钮，单击后面的下三角按钮，在弹出的菜单中选择"边框和底纹"命令，如图 3-59 所示。

02 打开"边框和底纹"对话框，选择"边框"选项卡。

- 在"设置"选项组中有 5 种边框样式，从中可选择所需的样式。本示例选择的是"阴影"。
- 在"样式"列表框中列出了各种不同的线条样式，从中可选择所需的线型。本示例选择的是斜线。
- 在"颜色"和"宽度"下拉列表中可以为边框设置所需的颜色和宽度。本示例选择蓝色。

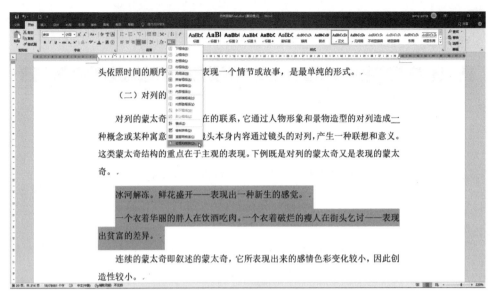

图 3-59

- 在"应用于"下拉列表中可以设定边框应用的对象是文字或者段落。本示例选择的是"段落",如图 3-60 所示。

图 3-60

03 单击"确定"按钮,完成设置,效果如图 3-61 所示。

2. 设置页面边框

要对页面进行边框设置,只需在"边框和底纹"对话框中选择"页面边框"选项卡,其中的设置基本上与"边框"选项卡相同,只是多了一个"艺术型"下拉列表框,通过该列表框可以定义页面的边框。

为页面添加艺术型边框的操作步骤如下。

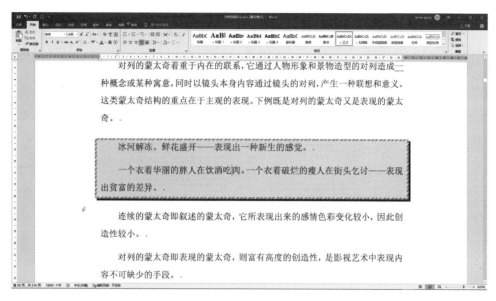

图 3-61

01 启动 Word，打开文档，切换到"开始"选项卡，在"段落"选项组中单击"边框"按钮后面的下三角按钮，然后在弹出的菜单中选择"边框和底纹"命令，打开"边框和底纹"对话框。

02 切换到"页面边框"选项卡，在"设置"选项组中选择"方框"选项，在"艺术型"下拉列表中选择艺术型样式，注意在"应用于"下拉列表中选择页面边框的应用范围。本示例选择的是"整篇文档"，如图 3-62 所示。

图 3-62

03 单击"确定"按钮，完成设置，效果如图 3-63 所示。可以看到，该文档的所有页面都添加了一个页面边框。

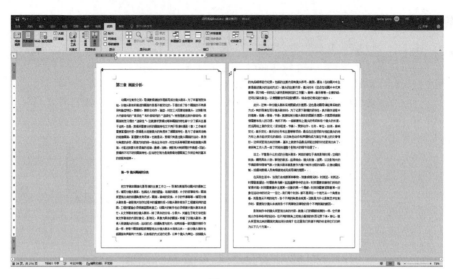

图 3-63

3.4.2 设置底纹

要为文档设置底纹，只需在"边框和底纹"对话框中选择"底纹"选项卡，对填充的颜色和图案等进行设置即可。

为文本设置底纹的具体操作步骤如下。

01 启动 Word，选择需要设置底纹的文本，在"开始"选项卡下，单击"段落"选项组中"边框"按钮后面的下三角按钮，在弹出的菜单中选择"边框和底纹"命令，打开"边框和底纹"对话框。

02 在"边框"选项卡中，选择"设置"为"阴影"，如图 3-64 所示。

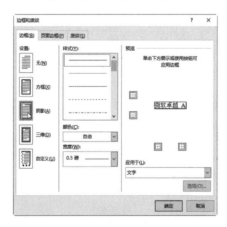

图 3-64

03 选择"底纹"选项卡，在"填充"下拉列表中选择"蓝色，个性色1，单色60%"色块，如图 3-65 所示。

04 在"样式"下拉菜单中选择"10%"，从"应用于"列表中选择"段落"，然后单击"确定"按钮，即可为文本添加底纹效果，如图 3-66 所示。

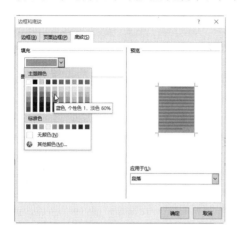

图 3-65

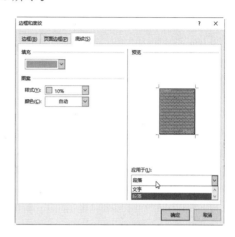

图 3-66

经过以上的操作，最终效果如图 3-67 所示。

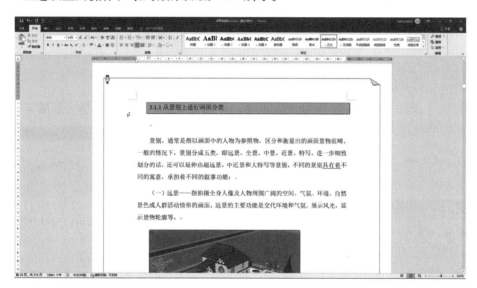

图 3-67

第 4 章　Word 中的表格处理

在编辑文档时，为了更形象地说明问题，常常需要在文档中制作各种各样的表格，如课程表、学生成绩表等。Word 中提供了强大的表格功能，可以快速创建与编辑表格。

4.1　在文档中插入表格

在 Word 中插入表格可以通过 3 种方法实现，分别是使用虚拟表格插入、使用对话框插入、手动绘制表格。这 3 种方法各有特点，用户可以根据需要选择适当的方法插入表格。

4.1.1　使用虚拟表格插入真实表格

使用虚拟表格可以快速完成表格的插入，但是使用虚拟表格最多只能够插入 10 列 8 行单元格的表格，需要插入更多行列单元格的表格时可以使用其他方法。

在 Word 中打开要插入表格的文档，切换到"插入"选项卡，单击"表格"选项组中的"表格"按钮，在弹出菜单的虚拟表格中移动光标经过需要插入的表格行列单元格，如图 4-1 所示，确定后单击鼠标左键。

经过以上操作，Word 就会根据光标所经过的单元格插入相应的表格，如图 4-2 所示。

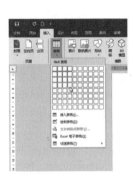

图 4-1

图 4-2

4.1.2　使用对话框插入表格

使用对话框插入表格时，可以插入拥有任意数量单元格的表格，并可以对表格的自动调整操作进行设置，操作步骤如下。

01 新建一个空白的 Word 文档，切换到"插入"选项卡，单击"表格"选项组中的"表格"按钮，在展开的菜单中选择"插入表格"命令，如图 4-3 所示。

02 弹出"插入表格"对话框，在"列数"与"行数"数值框中输入相应的数值，选中"'自动调整'操作"选项组中的"根据内容调整表格"单选按钮后，单击"确定"按钮，如图 4-4 所示。

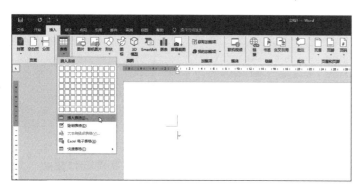

图 4-3　　　　　　　　　　　　　　　　　　图 4-4

03 返回文档中即可看到插入的表格，由于表格中没有具体内容，所以表格处于最小状态，如图 4-5 所示。

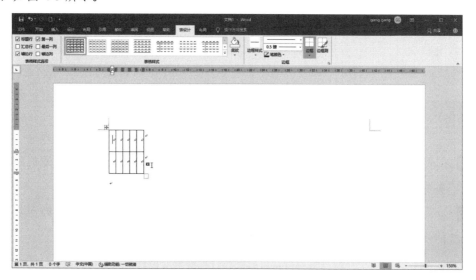

图 4-5

4.1.3　手动绘制表格

手动绘制表格可以灵活地对表格的单元格进行控制。需要制作每行单元格数量不等的表格时，可手动绘制表格，操作步骤如下。

01 新建一个空白的 Word 文档，切换到"插入"选项卡，单击"表格"选项组中的"表格"按钮，在弹出的菜单中选择"绘制表格"命令，如图 4-6 所示。

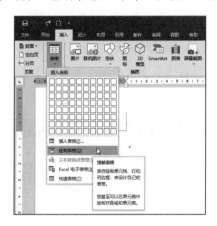

图 4-6

02 当光标变为铅笔形状时，在需要绘制表格的位置按住鼠标左键进行拖动，绘制出表格的边框，至合适大小后释放鼠标左键，如图 4-7 所示。

03 绘制表格的边框后，在框内横向拖动鼠标绘制表格的行线，如图 4-8 所示。按照同样的方法绘制表格的其他行。

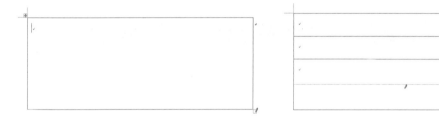

图 4-7   图 4-8

04 在表格框的适当位置纵向拖动鼠标，绘制表格的列线。如果有不合适的线，则可以使用"橡皮擦"擦除，如图 4-9 所示。

05 如果有必要，还可以绘制斜线，如图 4-10 所示。经过以上步骤后，即可完成手动绘制表格的操作。

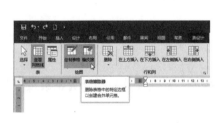 

图 4-9   图 4-10

4.2　编辑表格

插入表格后需要为表格添加内容，由于不同的内容所对应的单元格大小会有所不同，因此在填充表格内容后还需要在后期对表格的单元格进行拆分、删除、合并等编辑操作。

4.2.1　合并单元格

在编辑表格的过程中，可以先手动绘制一个表格，以做到对表格的大致布局（例如，需要几行几列）心里有数。本节将以图 4-11 所示的"个人简历"为例，对单个单元格、整行单元格以及整列单元格的插入和合并方法进行介绍。

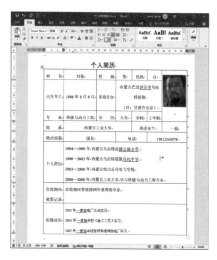

图 4-11

1. 插入单元格

插入单元格最为快捷的方法就是通过虚拟表格完成，但是如果要插入的表格大于 10 列 ×8 行，则需要通过对话框完成，操作步骤如下。

01 新建一个空白文档，输入文字"个人简历"，按快捷键 Ctrl + E 使文字居中显示。然后按 Enter 键换行，按快捷键 Ctrl + L 使光标左对齐。切换到"插入"选项卡，单击"表格"选项组中的"表格"按钮，在弹出菜单的虚拟表格中移动光标经过 7 列 ×8 行单元格，确定后单击鼠标左键，如图 4-12 所示。

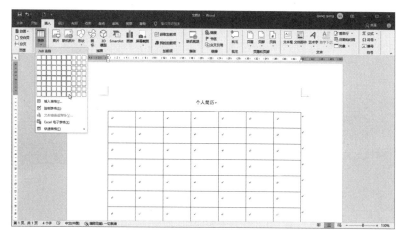

图 4-12

02 这个 7 列 ×8 行是如何确定的呢？就是根据图 4-11 所示的个人简历示例计算出来

的。该示例最多有 7 列 8 行，其他行列变化都可以通过合并和拆分单元格获得。现在可以在表格的第一行输入一些基础文字，最后一列的图像不必着急插入，可以使用文字"头像图片"暂代，如图 4-13 所示。

03 在表格的第 1 列输入一些基本项目，如图 4-14 所示。至此，表格的基本布局已经完成，接下来需要按照简历的具体内容调整表格的行列。

<table>
<tr><td>图 4-13</td><td>图 4-14</td></tr>
</table>

2. 合并单元格

接着需要按示例合并单元格，操作步骤如下。

01 使用鼠标拖动选择第 2 行第 4 列到第 6 列的 3 个单元格并右击，在出现的快捷菜单中选择"合并单元格"命令，如图 4-15 所示。这是横向合并单元格的操作。

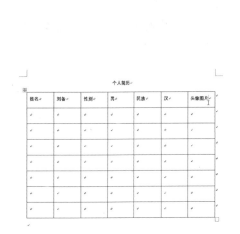

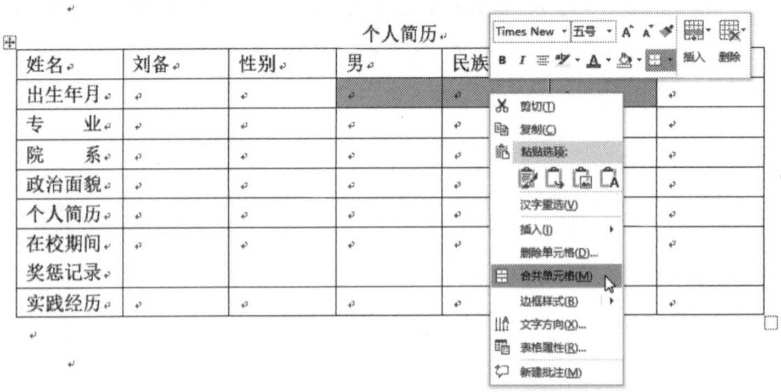

图 4-15

02 使用鼠标拖动选择第 7 列第 1 行到第 3 行的 3 个单元格并右击，在出现的快捷菜单中选择"合并单元格"命令，如图 4-16 所示。这是纵向合并单元格的操作。

03 按同样的方式，选择第 4 行第 2 列到第 4 列的 3 个单元格并右击，在出现的快捷菜单中选择“合并单元格”命令，如图 4-17 所示。

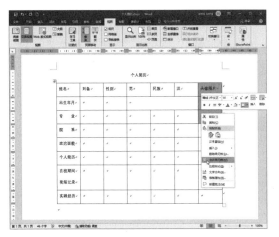

图 4-16

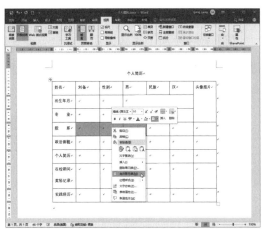

图 4-17

04 按照图 4-11 的表格布局，继续合并单元格的操作，直至完成全部表格布局，如图 4-18 所示。

05 现在可以在表格中输入其余文字内容，如图 4-19 所示。

简历中的照片可以通过插入图片的方法完成，这里不再展开讲解。

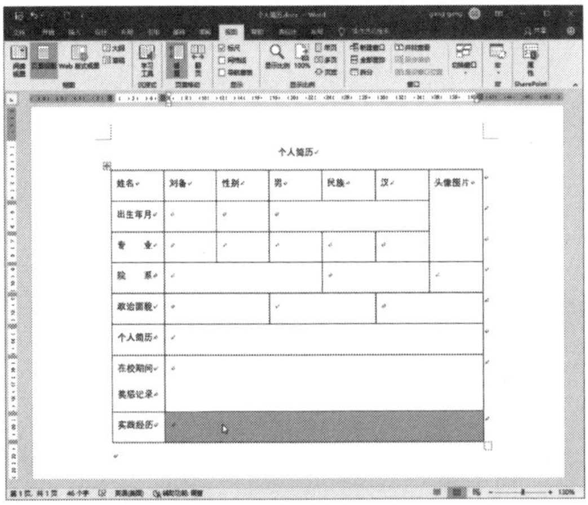

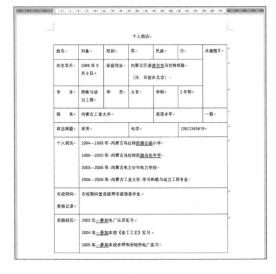

图 4-18

个人简历

姓名	刘备	性别	男	民族	汉	头像图片
出生年月	1986 年 8 月 8 日	家庭住址	内蒙古巴彦淖尔市乌拉特前旗 （注：目前在北京）			
专　业	热能与动力工程	学　历	大专	学制	2 年制	
院　系	内蒙古工业大学			英语水平		一般
政治面貌	团员		电话		13812345678	
个人简历	1994—1999 年-内蒙古乌拉特前旗公庙小学 1999—2003 年-内蒙古乌拉特前旗乌化中学 2003—2006 年-内蒙古电力公司电力学校 2006—2008 年-内蒙古工业大学-学习热能与动力工程专业					
在校期间奖惩记录	在校期间曾连续两年获得奖学金					
实践经历	2003 年—参加电厂认识实习 2004 年—参加本校《金工工艺》实习 2005 年—参加本校在呼和浩特热电厂实习					

图 4-19

4.2.2 拆分单元格与表格

与合并单元格相反，拆分单元格是将一个单元格拆分为多个单元格，而拆分表格则是将一个表格拆分为两个独立的表格。本节就来介绍拆分单元格与拆分表格的操作。

1. 拆分单元格

执行拆分单元格操作时，可以根据需要来设置拆分后单元格行与列的数量，操作步骤如下。

01 打开文档，将插入点光标定位在需要拆分的单元格（"赵云"右侧的单元格）内，切换到表格的"布局"选项卡，单击"合并"选项组中的"拆分单元格"按钮，如图 4-20 所示。

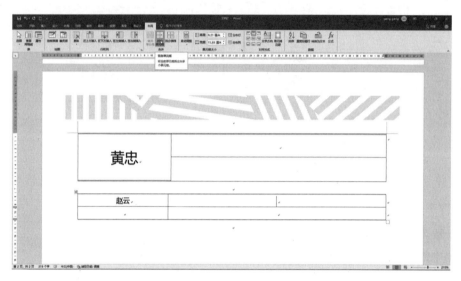

图 4-20

02 弹出"拆分单元格"对话框，在"列数"与"行数"数值框中分别输入相应的数值，然后单击"确定"按钮，如图 4-21 所示。

03 拆分后的效果如图 4-22 所示。

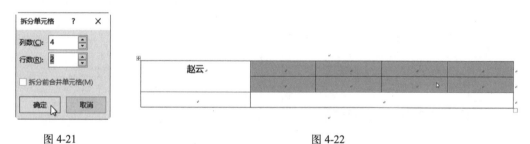

图 4-21   图 4-22

2. 拆分表格

在拆分表格时，一次只能将一个表格拆分为两个表格，操作步骤如下。

01 打开需要拆分的表格，将光标定位在拆分后表格的起始单元格中，切换到"表格工具"｜"布局"选项卡，单击"合并"选项组中的"拆分表格"按钮，如图 4-23 所示。

02 拆分后的效果如图 4-24 所示。

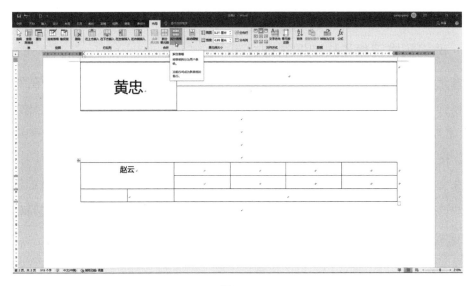

图 4-23

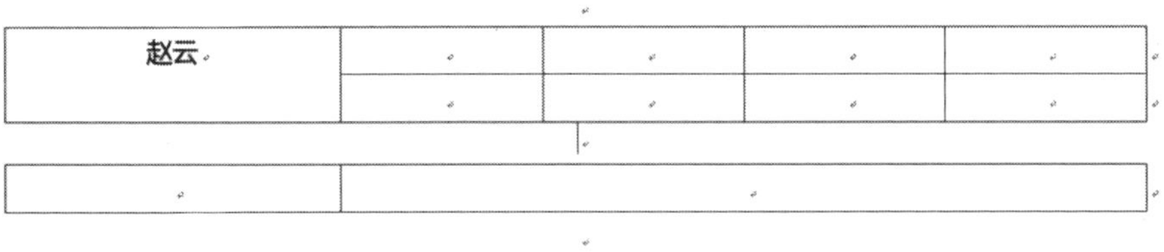

图 4-24

4.2.3　在表格中定位

在 Word 表格中输入文字和在普通段落中输入文字没有什么区别，可以使用大部分常用的编辑命令。但是，由于表格是文档中的特殊区域，所以 Word 还提供了其他一些在表格中定位、选择和粘贴信息的方法。

在表格中，一次只能在一个单元格中输入文字。因此，在输入文字前用户可能需要将插入点光标移动到正确的单元格中。在单元格之间移动插入点光标有以下 3 种方法。

方法 1：在单元格中单击。单击后，Word 会将插入点光标移动到该单元格的开头或者鼠标单击的位置。

方法 2：使用键盘上的方向键。如果单元格为空，按方向键可以将插入点光标向上、向下、向左或向右移动一个单元格。如果单元格中包含文字，按方向键会在单元格内左右移动一个字符，或上下移动一行，插入点光标位于单元格边框时例外。例如，如果插入点光标位于单元格的右边框，按右方向键时，插入点光标将移动到下一行的第一个单元格内。

方法 3：按 Tab 键向前移动一个单元格，按快捷键 Shift + Tab 向后移动一个单元格。但是，如果插入点光标位于表格底端最右边的单元格时，按 Tab 键将添加新的一行。

4.2.4　选择表格元素和快速增删行或列

在单元格中添加文字，可以采取直接输入、从剪贴板粘贴等方法。文字会在单元格的边框间换行，这就如同在文档的页边距之间换行一样。如果单元格中的文字需要换行，则 Word 会增加整行的行高以容纳文字。在单元格中不仅可以输入多行文字，还可以输入多个段落。按 Enter 键就可以开始新段落。

与在文档其他区域相同，可以通过单击并拖动鼠标来选定任何单元格中的文字。用户还可以通过拖动文字在单元格之间移动文字。下面将介绍选定表格各个部分的方法。

1. 选择整张表格，包括所有文字

单击表格左上角的 ⊞ 标记即可选择整张表格，如图 4-25 所示。

图 4-25

也可以将插入点光标置于表格的任意单元格中，然后单击"布局"选项卡，再单击"选择"下拉菜单中的"选择表格"，如图 4-26 所示。

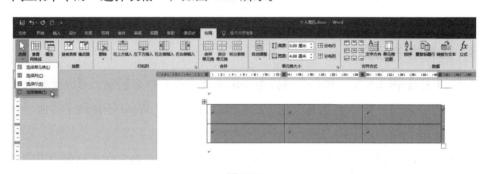

图 4-26

2. 选择单元格中所有文字

将鼠标指针移动到单元格的左边缘处（即单元格的左边框与文字之间），此时鼠标指针会变成右斜黑箭头，单击即可选择该单元格中的所有文字，如图 4-27 所示。

3. 选择单元格（例如要应用单元格底纹）

在单元格中的任何地方单击即可选择该单元格。

图 4-27

4. 选择一组相邻的单元格

单击并拖动鼠标即可选择一组相邻的单元格。

5. 选中一行

将鼠标指针移动到想要选中的表格行的左侧边框处，待鼠标指针变成向右倾斜的箭头时，单击即可选中该行，如图 4-28 所示。

← 看这个右斜的黑箭头 就是选择我们的		
← 看这个白箭头	它会选择一整行	嗯哪

图 4-28

6. 选择多行

在表格左侧边框处单击并拖动鼠标，即可选择多行。

7. 选择一列

将鼠标指针指向列的顶端，出现向下的黑箭头时，单击即可选择该列，如图 4-29 所示。

← 看这个右斜的黑箭头 就是选择我们的		↑这个向下的黑箭头，它会 选择一整列
← 看这个白箭头	它会选择一整行	嗯哪

图 4-29

8. 选择多列

将鼠标指针指向表格的顶端边框，然后拖过要选定的各列即可选择多列。

9. 快速插入一行

将鼠标指针移动到表格第 1 列单元格分界处，会出现一个带圆圈的加号按钮，单击即可快速插入一行，如图 4-30 所示。

← 看这个右斜的黑箭头就是选择我们的		↑这个向下的黑箭头，它会选择一整列
← 看这个白箭头	它会选择一整行	嗯哪

图 4-30

10. 快速插入一列

将鼠标指针移动到表格第 1 行单元格分界处，会出现一个带圆圈的加号按钮，单击即可快速插入一列，如图 4-31 所示。

← 看这个右斜的黑箭头就是选择我们的			↑这个向下的黑箭头，它会选择一整列
← 看这个白箭头		它会选择一整行	嗯哪

图 4-31

4.2.5 设置表格内文字对齐方式

文字的对齐方式决定了文本在单元格中的位置，文字的方向是指单元格中文字的排列方式，通过文字对齐方式的设置可以让表格中的内容更加整齐。单元格内文字的对齐方式包括靠上左对齐、靠上居中对齐、靠上右对齐、中部左对齐、水平居中、中部右对齐、靠下左对齐、靠下居中对齐和靠下右对齐，共 9 种方式。

设置表格内文字的对齐方式的操作步骤如下。

01 启动 Word，打开文档，单击表格左上角的 ⊞ 图标，选中整个表格，此时在"布局"选项卡中可以看到，"对齐方式"选项组中包含了 9 种对齐方式的设置按钮，如图 4-32 所示。

02 将插入点光标停放在某个单元格中，即可单独设置该单元格的对齐方式，如图 4-33 所示。

03 也可以选中整个表格，然后单击某个对齐方式按钮，这样就可以将表格中所有的文本内容都设置为该对齐方式，如图 4-34 所示。

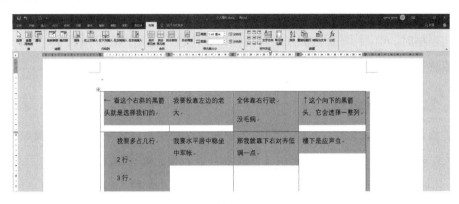

图 4-32

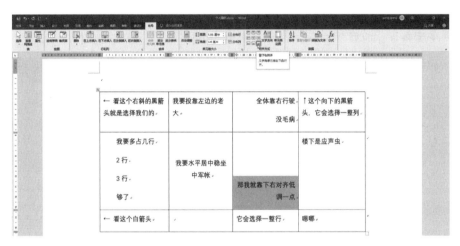

图 4-33

图 4-34

4.3 美化表格

美化表格时，可以针对表格的底纹和边框对表格进行设置。Word预设了一些表格样式，美化表格时可以直接应用预设的表格样式。

4.3.1 为表格添加底纹

为表格设置底纹效果时，可以使用颜色或图案对表格进行填充，操作步骤如下。

01 启动 Word，打开文档，选中需要添加底纹的单元格区域。

02 选择目标单元格后，切换到"表设计"选项卡，单击"边框"选项组中的"底纹"按钮，在弹出的菜单中选择一种底纹颜色，例如"黄色"，如图 4-35 所示。

03 要设置单元格更复杂的底纹效果，可以在选中单元格之后，单击"边框"按钮，从弹出菜单中选择"边框和底纹"命令，如图 4-36 所示。

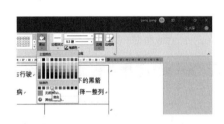

图 4-35

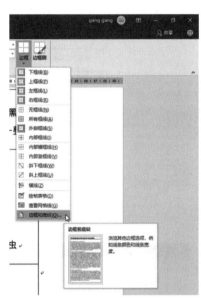

图 4-36

04 在出现的"边框和底纹"对话框中，切换到"底纹"选项卡，单击"图案"选项组中"样式"右侧的下三角按钮，在展开的列表中选择"浅色棚架"选项，选择"颜色"为绿色，最后一定要单击"应用于"下拉菜单，选择"单元格"，如图 4-37 所示。

05 按同样的方法，可以为表格的其他单元格设置底纹，返回文档中即可看到设置后的效果，如图 4-38 所示。

图 4-37

图 4-38

4.3.2　设置表格边框

为表格设置边框时，可从边框的样式、颜色和宽度三方面来进行设置，为了区分表格，可将表格的外边框与内线设置为不同的效果，操作步骤如下。

01 继续 4.3.1 节中示例的操作，直接单击"边框"选项组中的"边框"按钮，然后单击"边框和底纹"选项。

02 弹出"边框和底纹"对话框，在"边框"选项卡下单击"设置"选项组中的"方框"图标，然后在"样式"列表框中单击选择一种样式，单击"颜色"下拉列表框右侧的下三角按钮，在展开的颜色列表中单击绿色，单击"宽度"下拉列表框右侧的下三角按钮，在展开的下拉列表中单击"3.0 磅"选项，最后在"应用于"下拉菜单中选择"表格"，如图 4-39 所示。

03 设置完边框的样式后单击"确定"按钮，返回文档中就可以看到设置的外边框效果，如图 4-40 所示。

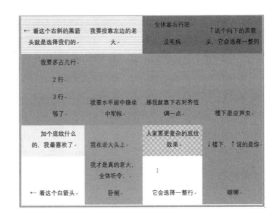

图 4-39　　　　　　　　　　　　　　图 4-40

Word/Excel 办公应用实战

第 5 章　Word 页面设置和打印输出

Word 中提供了非常强大的打印功能，可以很轻松地按要求将文档打印出来，在打印文档前可以先预览文档、设置打印范围等操作，还可以进行后台打印以节省时间。

5.1　Word 页面布局设置

本节将页面布局分为 3 个部分进行讲解，即纸张的整体设置、文档版心的设置、文档内每页字数的控制。这些项目的设置对于 Word 文档外观和打印结果都有直接的影响。

5.1.1　纸张设置

每页文档内容的多少取决于纸张的规格，而且是以合理利用文档空间进行排版为前提的。因此，在进行其他页面设置之前，应先将纸张大小确定下来。否则在设置好其他部分后再调整纸张大小，会使已经排好的版面变得错乱。

我们日常工作中用得最多的纸张是 A4 幅面的。这类纸张的大小是 297 毫米 × 210 毫米。除 A4 纸外，还有很多其他不同型号的纸张，如 A3、A5、B4、B5 等。纸张也有方向之分，有横向和纵向两种，至于使用哪种方向则根据实际需求而定。

设置纸张的大小和方向的操作步骤如下。

01 启动 Word，打开文档，切换到"布局"选项卡，单击"页面设置"选项组右下角的"页面设置"按钮，打开图 5-1 所示的"页面设置"对话框。

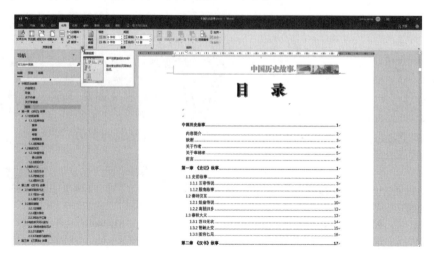

图 5-1

02 在"纸张"选项卡中可以选择纸张大小，或直接修改"宽度"和"高度"的数值。如果修改后的纸张尺寸不是 Word 内置的标准尺寸，那么将在上方显示"自定义大小"字样，表示当前的纸张大小是自定义类型，如图 5-2 所示。

图 5-2

5.1.2 版心设置

版心是指位于页面中央、编排有正文文字的部分，其上方有页眉和天头，下方有页脚和地脚，左右两侧有留白。版心大小由纸张大小决定。

> **提示：** "天头"是指每个页面顶部的空白区域，"地脚"是指每个页面底部的空白区域。

在指定纸张大小的情况下，页边距的大小直接影响到版心的大小。页边距是指页面中正文文字两侧与页面边界之间的距离。增加页边距的数值，则会减小版心的尺寸；反之，会增大版心的尺寸。

设置页边距的大小的操作步骤如下。

01 打开"页面设置"对话框，切换到"页边距"选项卡。

02 在该选项卡的"页边距"选项组中自定义页边距的大小，只需指定"上""下""左""右"4个数值即可，如图 5-3 所示。

页眉和页脚区域的大小是包含在页边距范围内的。指定页眉和页脚区域的大小的操作步骤如下。

01 打开"页面设置"对话框，切换至"版式"选项卡。

02 修改"页眉"和"页脚"文本框中的数值，即可指定页眉和页脚区域的大小，如图 5-4 所示。

图 5-3

图 5-4

5.1.3 指定每页字符数

在 Word 中，可以灵活地控制文档内每一页所包含的文字量，操作步骤如下。

01 打开"页面设置"对话框，切换到"文档网格"选项卡。

02 选中"指定行和字符网格"单选按钮，然后可以指定文档每个页面所包含的行数以及每行所包含的字符数，如图 5-5 所示。

图 5-5

5.2 页面板块划分

在 Word 中排版时，如果能对页面板块进行划分，则可以制作出具有多种版式的文档，使文档页面视觉效果更加丰富。通过对文档进行分页、分节和分栏处理，可以获得多种不同的版式。

5.2.1 插入分页符

在 Word 中，每当输入的内容布满一个页面时，Word 将自动添加一个新的页面，然后接着上一页继续输入内容。如果希望在某个位置之后强制转到下一页，则可以手动强制分页，操作方法有以下 3 种。

方法 1：单击要进行分页的位置，然后切换到"插入"选项卡，单击"页面"选项组中的"分页"按钮，如图 5-6 所示。

方法 2：切换到"布局"选项卡，单击"页面设置"选项组中的"分隔符"按钮，从弹出菜单中选择"分页符"命令，如图 5-7 所示。

图 5-6

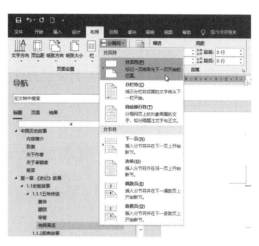

图 5-7

方法 3：直接按快捷键 Ctrl + P。

5.2.2　插入分节符

分节符的主要功能是将分节符两侧的内容变成完全独立的两部分，每部分都可以拥有自己的页面格式，彼此互不干扰。Word 包括 4 种分节符，其含义如下。

- 下一页：在插入点光标位置添加一个分节符，并在下一页开始新的一节。
- 连续：在插入点光标位置添加一个分节符，并在分节符之后开始新的一节。
- 偶数页：在插入点光标位置添加一个分节符，并在下一个偶数页开始新的一节。
- 奇数页：在插入点光标位置添加一个分节符，并在下一个奇数页开始新的一节。

用户可以通过以下实例来认识分节符的功能。

1. 让每章从奇数页开始

通常一本书都分为若干章，科技书一般要求每章的第一页从奇数开始。对于这种排版要求来说，使用分节符是非常便于处理的。例如，对于一个包含 8 章内容的文档，现在希望每章的第一页都从奇数开始，那么就需要在每两章之间插入一个"奇数页"分节符，操作步骤如下。

01 将插入点光标定位到第 2 章的起始处，切换到"布局"选项卡下，单击"页面设置"

选项组中的"分隔符"按钮。

02 在弹出菜单中选择"奇数页"命令，如图 5-8 所示，这样第 2 章将根据第 1 章最后一页的页码来自动调整到从奇数页开始。

2. 在同一文档中使用不同的页码格式

默认情况下，在文档中插入页码时，将使用同一种页码格式为文档添加页码。但是在一些大型文档的排版中（如书籍），通常会要求目录部分的页码格式与正文部分的页码格式有所区别。为了实现这类排版效果，需要在正文与目录之间插入一个分节符，然后切断目录与正文之间的链接关系，最后再分别为目录和正文添加不同格式的页码。

将正文与目录分开，并为它们设置不同的页码格式的操作步骤如下。

01 将插入点光标定位到正文第一个段落的起始处。

02 切换到"布局"选项卡下，单击"页面设置"选项组中的"分隔符"按钮。

03 在弹出的菜单中选择"下一页"命令，这样将在目录与正文之间插入一个分节符，并自动将正文划分到下一页。

将插入点光标定位到正文所在的第一页，然后进入该页的页眉编辑状态，可以看到页面左侧显示当前页是第 2 节，而上一页属于第 1 节。默认情况下，这两节所设置的页码格式是相同的。

为了使它们的页码格式各自独立，则需要单击"页眉和页脚"选项卡下"导航"选项组中的"链接到前一节"按钮，切断两节之间的链接，如图 5-9 所示。

现在，就可以分别在目录和正文部分添加各自的页码了，它们彼此之间互不影响。

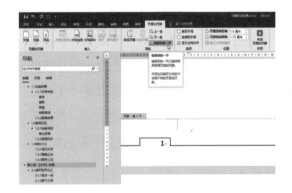

图 5-8　　　　　　　　　　　　　　　图 5-9

5.3 打印输出

设置好页面中的各个元素后，就可以将文档打印输出了。为了避免浪费纸张，通常在打印前需要预览待打印的文档，或将它转换输出为 PDF 文档。

5.3.1　打印 Word 文档

现在，Word 中的"打印预览"窗口与"打印"对话框不再是分开的，这两个部分已经合二为一。

打印或预览 Word 文档的操作步骤如下。

01 单击"文件"选项卡，在出现的界面中选择"打印"命令，即可展开"打印"窗口。

02 该窗口分为两部分，左侧用于设置打印选项，右侧为待打印文档的页面预览视图，可以通过单击视图右下方的按钮来改变视图的显示比例，还可以单击预览视图左下角的按钮，切换预览视图中当前显示的页面内容。

03 设置打印机、打印份数、要打印的页面、打印方向、纸张大小、页边距、缩放打印等参数。

> **提示：** 在设置页码范围时，需要注意一点。例如，要打印文档中的第 3 页，第 6 ~ 8 页以及第 10 页，那么需要在"页数"文本框中输入"3,6-8,10"，数字之间以逗号分隔。完成所有的设置后单击"打印"按钮，即可开始打印。

5.3.2　设置双面打印

在打印文档时，为了绿色环保，可以选择设置双面打印功能。Word 支持双面打印，并且可以选择长边翻转或短边翻转。操作步骤如下。

01 单击"文件"选项卡，在出现的界面中选择"打印"命令，展开"打印"窗口，然后单击"单面打印"右侧的下三角按钮，选择"双面打印，从长边翻转页面"方式，如图 5-10 所示。

所谓"长边"，顾名思义，就是纸张大小设置中较长的那一边。以 A4 纸为例，默认大小为 297 毫米 × 210 毫米，那么它的长边就是 297 毫米。

由于大多数文档都是纵向打印的，所以在设置"双面打印"时，都可以选择"从长边翻转页面"，但是也有例外，因为有时候用户可能需要打印横向排版的文档（典型的横向排版文档如童趣连环画、Excel 表格等）。例如，如果在 Word 中复制或编辑了一个横向表格，则为了更好的打

图 5-10

印效果，可以选择"布局"选项卡中"纸张方向"为"横向"，如图 5-11 所示。

02 单击"文件"选项卡，在出现的界面中选择"打印"命令，展开"打印"窗口，然后单击"单面打印"右侧的下三角按钮，选择"双面打印，从短边翻转页面"方式，如

图 5-12 所示。

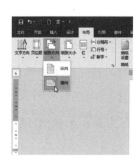

图 5-11 　　　　　　　　　　　　　　　图 5-12

　　理解了"长边"，那么"短边"也就很好理解了。仍以 A4 纸为例，默认大小为 297 毫米 ×210 毫米，那么它的短边就是 210 毫米。

> **提示：** 读者如果对此设置仍有不明白的地方，还有一种更简单的验证方法，就是创建一个仅包含 2 页内容的 Word 文档，然后实际使用"双面打印，从长边翻转页面"或"双面打印，从短边翻转页面"试一试，就很容易明白页面设置的意义了。这样做的最大代价就是浪费了一页纸张。

5.3.3　导出 PDF 文档

　　将 Word 文档导出为 PDF 格式的文档的操作步骤如下。

01 单击"文件"选项卡，在出现的界面中选择"导出"命令，然后选择"创建 PDF/XPS 文档"命令，再单击右侧的"创建 PDF/XPS"按钮，如图 5-13 所示。

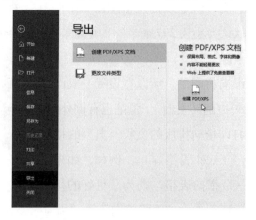

图 5-13

02 在打开的"发布为 PDF 或 XPS"对话框中，选择保存位置并输入一个文件名，也可以按默认的 Word 文件名，只不过扩展名变成了 *.pdf。要设置 PDF 文件选项，可以单击"选项"按钮。在出现的对话框中，可以选中"使用密码加密文档"复选框，给导出的 PDF 文件加密，如图 5-14 所示。

03 单击"确定"按钮，会出现"加密 PDF 文档"对话框，要求输入加密的密码，如图 5-15 所示。

图 5-14　　　　　　　　　　　　　　　　　图 5-15

04 单击"确定"按钮，再单击"发布"按钮，Word 即可生成 PDF 文件并自动打开（因为在图 5-14 中勾选了"发布后打开文件"复选框），但由于该文件已经加密，所以会要求先输入密码，如图 5-16 所示。

05 输入正确密码之后，PDF 在系统关联的查看程序中打开，单击目录中的项目可以跳转到具体的页面，如图 5-17 所示。

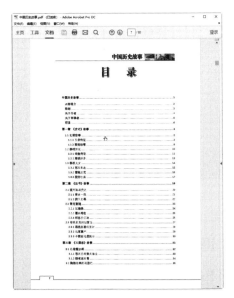

图 5-16　　　　　　　　　　　　　　　　　图 5-17

第 6 章　Excel 基础知识

Excel 是市场上一款功能强大的电子表格制作软件，它不仅具有强大的数据组成、计算、分析和统计的功能，还能通过图表等显示处理结果，实现资源共享。

6.1　启动和退出 Excel

Excel 是 Microsoft 公司 Office 办公软件中的核心组件之一，它应用于社会生活和工作的各个领域，拥有绘制表格、计算数据、管理数据和分析数据等多种功能。启动和退出是应用软件的最基本操作，下面将介绍 Excel 的启动和退出方法。

6.1.1　启动 Excel

启动 Excel 时，可单击"开始"按钮，在弹出的"开始"菜单中选择"Excel"。

进入 Excel 操作界面，按快捷键 Ctrl + N 新建一个空白工作簿，如图 6-1 所示。

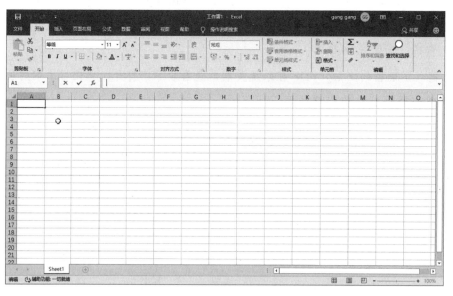

图 6-1

6.1.2　退出 Excel

退出 Excel 的方法有 4 种，分别如下。

方法 1：单击窗口右上角的"关闭"按钮，可退出 Excel。

方法 2：单击"文件"按钮，在出现的界面中单击"关闭"命令。注意，该命令只是关闭当前打开的工作簿，但是并不关闭 Excel 程序。

方法 3：将鼠标移动到标题栏处右击，在弹出的快捷菜单中选择"关闭"命令，如图 6-2 所示。

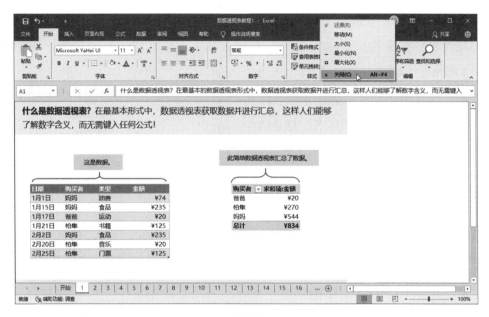

图 6-2

方法 4：直接按快捷键 Alt + F4，退出 Excel。

6.2　熟悉 Excel 操作界面

Excel 的操作界面包括标题栏、工具选项卡、名称框、编辑栏、工作表区和状态栏，以下将逐一介绍。

6.2.1　标题栏

Excel 的标题栏包括快速访问工具栏、文件名、程序名和控制按钮，如图 6-3 所示。

图 6-3

1. 快速访问工具栏

快速访问工具栏中包含编辑表格时一些常用的工具按钮，默认状态下只有"保存""撤销"和"恢复" 3 个按钮。

如果需要添加其他选项到快速访问工具栏，可单击其旁边的下三角按钮，弹出"自定

义快速访问工具栏"菜单，再单击需要添加
的命令，被选择的命令前面会出现一个"√"
图标，表示该命令已被添加到快速访问工具
栏中，如图 6-4 所示。

2. 文件名和程序名

"工作簿 2"表示文件名，即该工作簿的
名称，如工作簿被保存后，会显示保存时所
命名的文件名称；Excel 为程序名，也是软件
名称，表示该窗口是 Microsoft Office Excel 的
操作窗口，如图 6-5 所示。

图 6-4

3. "功能区显示选项"按钮

该按钮可以显示和隐藏选项卡，和 Word 界面的应用方式是一样的，如图 6-6 所示。

图 6-5

图 6-6

4. 控制按钮

控制按钮可以对窗口进行一些控制操作。"最小化"按钮用于使窗口最小化到任务栏
中；"最大化"按钮用于使窗口最大化到充满整个屏幕；"关闭"按钮用于关闭 Excel 窗口，
退出该程序。

6.2.2 工具选项卡

工具选项卡包含着 Excel 的所有操作命令。选择需要的选项卡即可显示该选项卡对应
的按钮，同时被选择的选项卡以浅色为底显示。

6.2.3　名称框和编辑栏

名称框中显示当前单元格的地址和名称，编辑栏中显示和编辑当前活动单元格中的数据或公式。单击"输入"按钮可以确定输入的内容；单击"取消"按钮可以取消输入的内容；单击"插入函数"按钮可以插入函数，如图 6-7 所示。

图 6-7

6.2.4　工作表区

工作表区在 Excel 操作界面中面积最大，它由许多单元格组成，可以输入不同的数据类型，是最直观显示所有输入内容的区域，如图 6-8 所示。

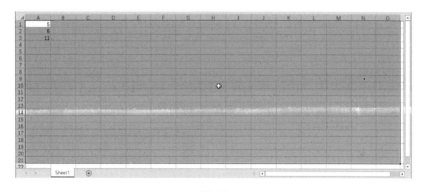

图 6-8

6.2.5　状态栏

状态栏中包括常用视图按钮和页面大小控制滑块，如图 6-9 所示。

图 6-9

6.3　认识工作簿、工作表和单元格

使用 Excel 时常会提及工作簿、工作表和单元格这 3 个元素，下面就一起来认识它们。

6.3.1　认识工作簿

工作簿就是 Excel 文件。新建的工作簿在默认状态下名称为"工作簿 1"，在标题栏文件名处显示，此后新建的新工作簿默认将以"工作簿 2""工作簿 3"……命名。

6.3.2　认识工作表

工作簿（Workbook）是由多张工作表组成的。默认状态下，新建的工作簿中只有一张工作表，以工作表标签的形式显示在工作表底部，命名为"Sheet1"。

工作表（Worksheet）中包括的工作表标签、列标和行号的含义如下。

1. 工作表标签

用于显示工作表的名称。单击各标签可在各工作表中进行切换，使用其左侧的方向控制按钮可滚动切换工作表；单击"新工作表"按钮可插入新的工作表，如图6-10所示。

图 6-10

2. 列标

显示某列单元格的具体位置，如图6-11所示。拖动列标右端的边线，可增减该列宽度。

3. 行号

用于表示某行单元格的具体位置，如图6-12所示。拖动行号下端的边线，可增减该行的高度；拖动右侧的滚动条，可以显示未显示到的单元格区域。

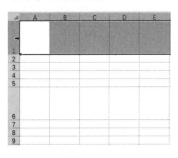

图 6-11　　　　　　　　　　图 6-12

6.3.3　认识单元格

单元格是 Excel 工作表中编辑数据的最小单位，它是用列标和行号来进行标记的。例如工作表中最左上角单元格名称为 A1，即表示该单元格位于 A 列 1 行。工作表由若干单元格组成，一张工作表最多可由 65536×256 个单元格组成。

6.3.4　三者之间的关系

启动 Excel 后，系统将自动新建一个名为"工作簿1"的工作簿。该工作簿中包括"Sheet1"一张工作表，每张工作表由若干个单元格组成。综上所述，可知工作簿中可以包括多个工作表，而工作表中又可以包含许多单元格。

第 7 章 输入和编辑数据

制作完表格后，如果发现其中的某些内容不符合要求，可对其进行编辑。对工作表中的数据进行编辑是制作电子表格过程中很重要的操作，包括修改、复制、移动、插入、删除、撤销、恢复、查找及替换等操作。

7.1 选择单元格

Excel 中最主要的操作还是在单元格中进行的，要对单元格进行操作必须先学会怎样选择单元格。

在编辑电子表格时，有时要选择单个、相邻、不相邻、整行、整列和工作表中所有的单元格等进行操作，下面逐一介绍选择方法。

7.1.1 选择单个单元格

将鼠标指针移动到需要选择的单元格上，此时指针变为 ✛ 形状，然后单击该单元格，便选择了工作表中某个具体的单元格，如图 7-1 所示。

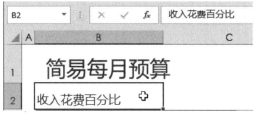

图 7-1

7.1.2 选择相邻的单元格

首先需要选择相邻单元格范围内左上角的第一个单元格，然后按住鼠标左键不放并拖至需要选择范围内右下角的最后一个单元格，再释放鼠标左键，即可选择拖动过程中框选的所有单元格，如图 7-2 所示。

7.1.3 选择不相邻的单元格

按住 Ctrl 键不放，单击不相邻的单元格，可以选择不相邻的单元格，被选择的单元格的行号和列标呈灰色显示，如图 7-3 所示。

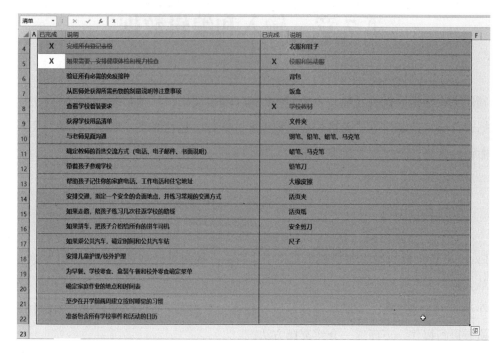

图 7-2

图 7-3

7.1.4 选择整行单元格

将鼠标指针移动到需要选择行单元格的行号上，当鼠标指针变为黑色向右箭头形状时单击鼠标，即可选择该行的所有单元格，如图 7-4 所示。

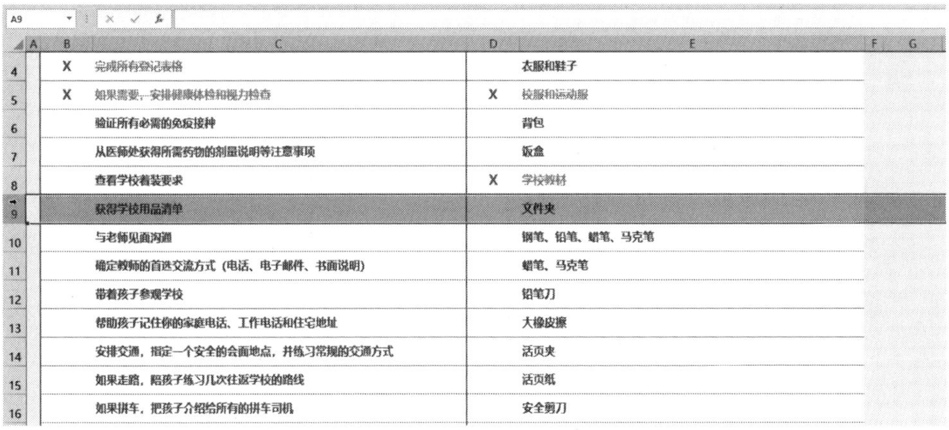

图 7-4

7.1.5　选择整列单元格

将鼠标指针移动到需要选择的列单元格的列标上，当鼠标指针变成黑色向下箭头形状时单击鼠标，即可选择该列的所有单元格，如图 7-5 所示。

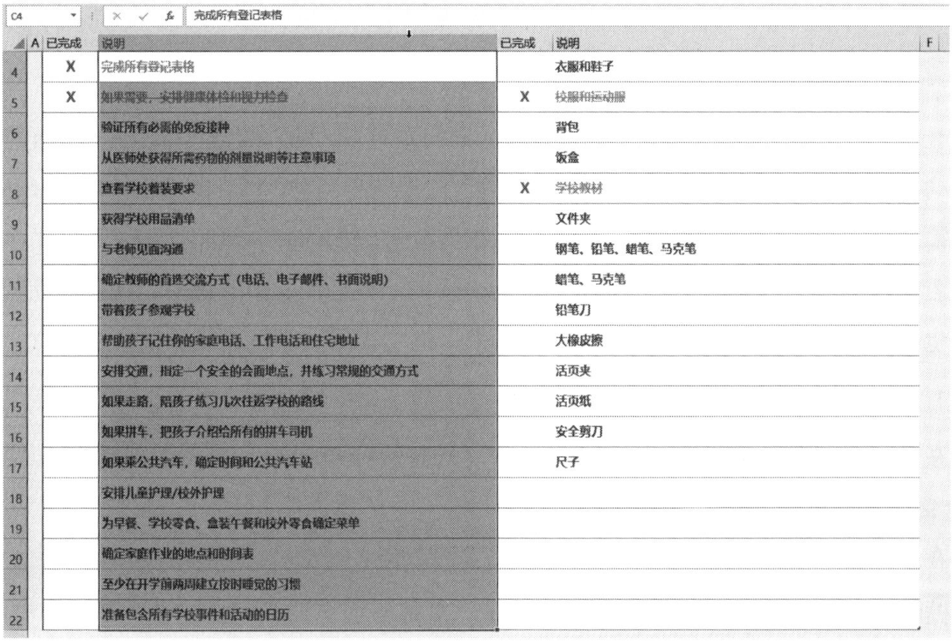

图 7-5

7.1.6　选择工作表中所有的单元格

单击工作表左上角行标与列标交叉处的图标，可选择该工作表中所有的单元格，或在当前工作表中按快捷键 Ctrl + A，也可以选择该工作表中所有的单元格，如图 7-6 所示。

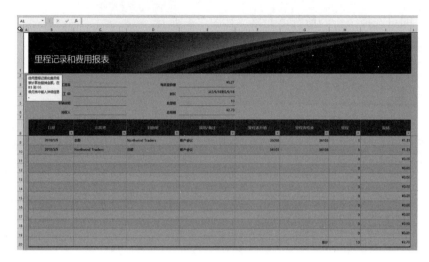

图 7-6

7.2　在单元格中输入内容

在 Excel 中单元格是用来存放数据的，当然数据不只是指阿拉伯数字，它包括字母、汉字、数字、符号和日期时间等内容，这里统称为数据。

7.2.1　输入数据

在单元格中输入数值类数据后，数据将自动向左对齐；输入数据再单击其他单元格后，输入的数据才向右对齐。在表格中输入数据的方法通常有两种，即在单元格中输入和在编辑栏中输入，无论是通过单元格还是编辑栏输入数值数据，输入时两者都同步显示输入的内容。

若输入的数据长度超过了单元格的宽度，将显示到后面的单元格中，如果后面的单元格中也有数据，则超出的部分将不能显示出来，但它实际上仍然存在于该单元格中。

1. 在单元格中输入数据

在单元格中输入数据的方法比较简单，只需选择单元格后直接输入数据，然后按 Enter 键确认即可。

在单元格中输入数据的操作步骤如下。

01 启动 Excel，单击 A1 单元格，输入"生产数量"，然后按 Enter 键，因为输入的是文字，所以 Excel 会自动将它左对齐，如图 7-7 所示。

02 单击 A2 单元格，输入"100"，然后按 Enter 键完成 A2 单元格中数据的输入，因为输入的是数字，所以 Excel 会自动让它右对齐，如图 7-8 所示。

03 要让输入的数字同样左对齐，需要让 Excel 识别它为文本而不是数字，方法是在数字前面添加一个英文单引号，如图 7-9 所示。

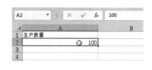

图 7-7   图 7-8   图 7-9

2. 在编辑栏中输入数据

选择单元格后，将光标定位到编辑栏处，再输入文本，然后按 Enter 键完成键入。

在编辑栏中输入数据的操作步骤如下。

01 打开 Excel，单击 A3 单元格，用鼠标单击以将光标定位到编辑栏处，输入"单价"，然后按 Enter 键完成键入，如图 7-10 所示。

02 使用编辑栏输入时，可以方便地单击引用其他单元格，如图 7-11 所示。

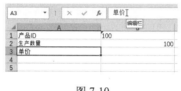

图 7-10   图 7-11

7.2.2 输入符号

在 Excel 表格中经常会涉及一些符号的输入，符号包括常用符号和特殊符号两种。常用符号一般都可以通过键盘直接输入，而特殊符号则需要使用"符号"对话框输入。

输入特殊符号的操作步骤如下。

01 启动 Excel，新建或打开工作簿，选择 E10 单元格后切换到"插入"选项卡，单击"符号"选项组中的"符号"按钮。

02 打开"符号"对话框，选择"Webdings"字体，然后选择一种特殊符号，单击"插入"按钮，此时 E10 单元格中出现了汽车符号，如图 7-12 所示。

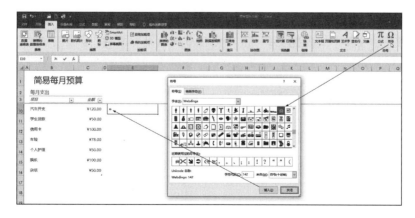

图 7-12

03 通过"开始"选项卡的"字体"
选项组或选定符号之后出现的浮动工具栏,
可以轻松设置符号的格式,例如字号、颜
色或加粗样式等,如图 7-13 所示。

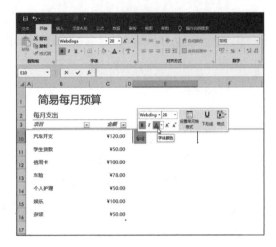

图 7-13

7.3 快速填充数据

在编辑电子表格时,经常需要输入一些相同或有规律的数据,如学生学号等。如果逐
个输入既费时又费力,还容易出错,此时使用 Excel 提供的快速填充数据功能可以轻松输
入数据,提高工作效率。

7.3.1 通过控制柄填充数据

当鼠标指针变成十字形状时,此时被称为控制柄。通过拖动控制柄可实现数据的快速
填充。

1. 填充相同的数据

使用控制柄在连续单元格中填充相同数据的操作步骤如下。

01 启动 Excel,新建一个空白工作簿,选择 A1 单元格,输入"Excel",按 Enter 键
确认,然后将鼠标指针移动到 A1 单元格的右下角,此时鼠标指针变为十字形状,这个黑
色的十字形状也称为"控制柄",如图 7-14 所示。

02 按住鼠标左键不放并拖动到 A5 单元格后释放鼠标左键,如图 7-15 所示。

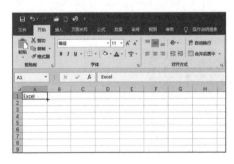

图 7-14

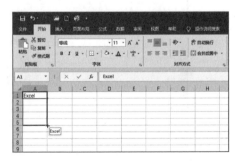

图 7-15

03 此时 A2:A5 单元格中已填充了相同的内容，并且在旁边自动出现一个"快速分析"图标，如图 7-16 所示。

04 单击"快速分析"图标，在弹出的快捷菜单中可以对填充的数据执行一些操作，如图 7-17 所示。

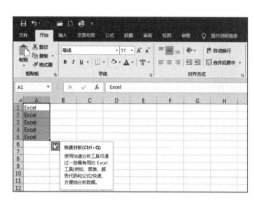

图 7-16

图 7-17

2. 填充有规律的数据

填充有规律的数据时也可以使用控制柄来实现，操作步骤如下。

01 启动 Excel，新建一个空白工作簿，选择 A1 单元格，输入"Excel2016"，按 Enter 键确认，然后将鼠标指针移动到 A1 单元格的右下角，此时鼠标指针变为十字形状。按住鼠标左键拖动控制柄到 A10 单元格处释放按键，则 Excel 会自动填充一个序列，如图 7-18 所示。

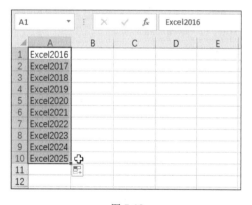

图 7-18

02 出现这种变化的原因是 Excel 自动将"Excel2016"解析为数字，并填充为序列。在这种情况下，如果要填充相同的项目，则可以按住鼠标右键并拖动控制柄到 A10 单元格处释放鼠标按键，此时会弹出一个快捷菜单，选择"复制单元格"即可填充相同的项目，如图 7-19 所示。

03 此时 A2:A10 单元格中的项目就和 A1 单元格是完全相同的，效果如图 7-20 所示。

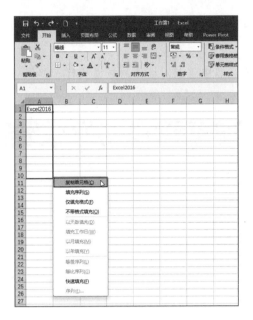

图 7-19

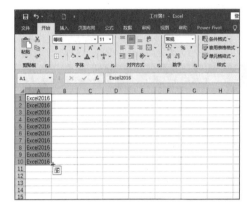

图 7-20

7.3.2 使用快捷键填充

若单元格相邻且填充内容相同时，可以使用快捷键填充数据，操作步骤如下。

01 新建一个 Excel 工作簿，拖动选择需要填充的单元格区域 A1:K23，然后输入"100"，如图 7-21 所示。

02 按快捷键 Ctrl + Enter，则被选择的灰色单元格区域中都被填充了数据"100"，如图 7-22 所示。

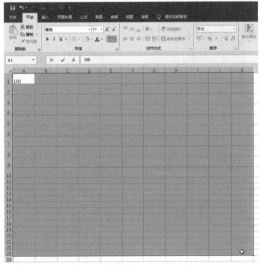

图 7-21

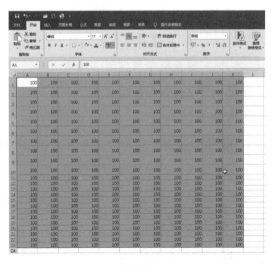

图 7-22

7.3.3　通过"序列"对话框填充数据

通过打开"序列"对话框可快速填充等差、等比、日期等特殊的数据，操作步骤如下。

01 打开 Excel 工作簿，并在 A1 单元格中输入起始数字"1"。

02 选择 A1~A9 单元格，在"开始"选项卡的编辑栏中单击"填充"按钮，在弹出的菜单中选择"序列"命令，如图 7-23 所示。

03 打开"序列"对话框，在"序列产生在"选项组中选择"列"单选按钮，在"类型"选项组中选择"等差序列"单选按钮，在"步长值"文本框中输入"1"，单击"确定"按钮，如图 7-24 所示。

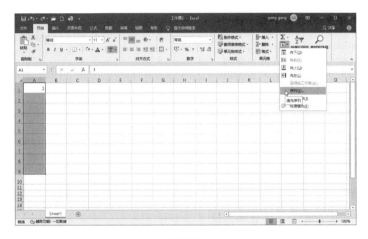

图 7-23

图 7-24

04 此时 A1~A9 单元格中已被填充 1~9 的等差序列。按同样的方式，可以在 B2 单元格中输入数字 4，然后选中 B2:B9 单元格区域，打开"序列"对话框，在"序列产生在"选项组中选择"列"单选按钮，在"类型"选项组中选择"等差序列"单选按钮，在"步长值"文本框中输入"2"，如图 7-25 所示。

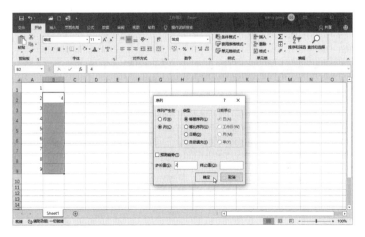

图 7-25

05 按同样的方式，可以轻松制作一个九九乘法表，如图 7-26 所示。

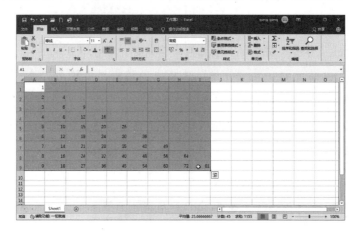

图 7-26

7.4 复制和移动数据

在输入单元格数据时，可能会发生两种情况：一是相同数据太多，重复输入既容易出错又增加了工作量；二是输错了数据的位置，又不想重新输入，这两种常见的情况其实都很容易解决。遇到第一种情况就使用复制数据的方法，遇到第二种情况就使用移动数据的方法，减少重新输入的麻烦。下面具体介绍这两种方法。

7.4.1 复制数据

如果复制单元格中的数据，操作步骤如下。

01 打开 Excel 工作簿，通过鼠标拖动的方式选中单元格，然后右击并在弹出的快捷菜单中选择"复制"命令，复制该单元格中的数据，如图 7-27 所示。

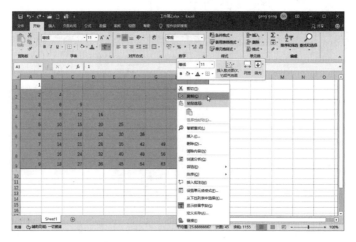

图 7-27

02 单击底部的"新工作表"按钮，新建一个 Sheet2 工作表，然后在 D3 单元格上右击，在弹出的快捷菜单中选择"粘贴"命令，粘贴数据。

03 可以看到，对于复制的单元格数据来说，Excel 提供了 6 种粘贴方式。将鼠标移动到第一种方式上，也就是常见的"粘贴"，即产生源数据的完全一样的副本，如图 7-28 所示。

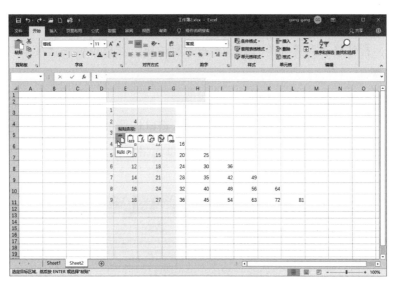

图 7-28

04 第 2 个按钮是粘贴值，第 3 个按钮是粘贴公式，第 5 个按钮是粘贴格式，第 6 个按钮是粘贴链接。在本示例中，比较有趣的是第 4 种粘贴方式，它名为"转置"，可以按行列转置的方式粘贴源数据，如图 7-29 所示。

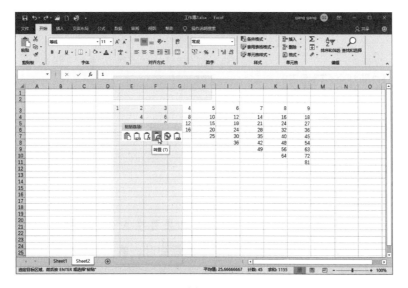

图 7-29

7.4.2 移动数据

移动单元格中数据的方法有两种：一是选择"剪切"命令剪切数据，然后粘贴到目标单元格；二是选择要移动的单元格，将其拖动到目标位置。

方法 1：选择"剪切"命令移动数据

选择"剪切"命令移动数据的操作步骤如下。

01 选择要移动的单元格，单击鼠标右键，在弹出的快捷菜单中选择"剪切"命令。

02 将鼠标指针移动到目标单元格后单击鼠标右键，在弹出的快捷菜单中选择"粘贴"命令完成移动操作。

方法 2：直接拖动单元格移动数据

选择需要移动的单元格让它成为活动单元格，将鼠标指针移动到所选单元格的边框上，此时指针又变成四向箭头形状，拖动鼠标至目标单元格后释放鼠标按键完成移动操作，如图 7-30 所示。

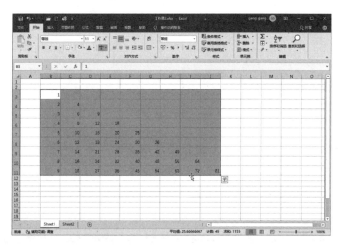

图 7-30

7.5 插入和删除行或列

在编辑工作表的过程中，经常需要插入和删除行或列。

7.5.1 插入单元格行或列

插入单元格行或列的操作步骤如下。

01 打开 Excel 工作簿，选择要插入的列。如果要在 A 列之前插入一列，则可以使用鼠标移动到 A 列的列标上，当指针变成向下黑色箭头时，单击即可选定 A 列，然后右击，在弹出的快捷菜单中选择"插入"命令，如图 7-31 所示。

02 可以看到，新插入的列变成了 A 列，而原有的 A 列变成了 B 列，如图 7-32 所示。

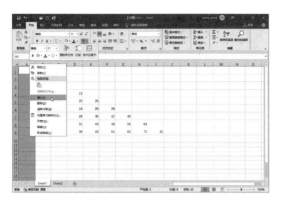

图 7-31

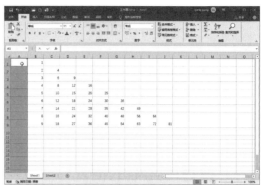

图 7-32

03 在本示例中，我们继续在第 1 行之前插入一行，则可以右击第 1 行的行号，在弹出的快捷菜单中选择"插入"命令，如图 7-33 所示。

04 可以看到，新插入的行变成了第 1 行，而原有的第 1 行变成了第 2 行，如图 7-34 所示。

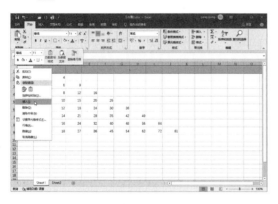

图 7-33

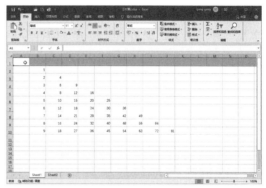

图 7-34

7.5.2 删除单元格行或列

在编辑工作表的过程中，经常需要删除单元格行或列。删除单元格行或列的方法和插入单元格行或列的方法类似，都可以右击行号或列标，然后从快捷菜单中选择"删除"命令，如图 7-35 所示。

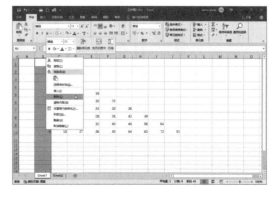

图 7-35

第8章 格式化工作表

在制作完表格后，仅对其内容进行编辑是不够的。为了使工作表中的数据更加清晰明了、美观实用，还需要对工作表进行格式方面的设置和调整。

8.1 设置单元格的格式

在单元格中输入数据后，根据不同的需要可以设置单元格的格式，从而更好地区分单元格中的内容，其设置包括数字类型、对齐方式、字体、添加边框、填充单元格等操作。

8.1.1 设置数字类型

不同的领域会有不同的需要，对单元格中数字的类型也有不同的要求，Excel 中的数字类型种类很多，如货币、数值、会计专用和日期等，下面讲解两个常用数字类型的设置方法。

1. 数值类型

在制作表格时，可以设置数字的小数位数、千位分隔符和数字显示方式等。设置数值类型的操作步骤如下。

01 启动 Excel，以"支出趋势预算"模板新建工作簿，选择 B5:N10 单元格区域，如图 8-1 所示。

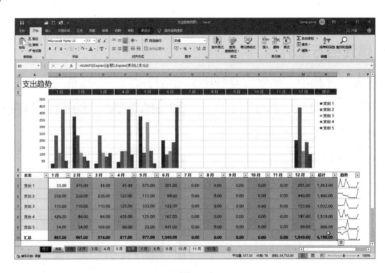

图 8-1

02 单击"开始"选项卡中"数字"选项组右下角的"数字格式"按钮,打开"设置单元格格式"对话框,如图 8-2 所示。

03 在"数字"选项卡的列表框中选择"数值"选项,在"小数位数"数值框中输入"2",选中"使用千位分隔符"复选框,在"负数"列表框中选择"-1,234.10",如图 8-3 所示。

图 8-2

图 8-3

2. 货币类型

设置货币类型数字的操作步骤如下。

01 启动 Excel,打开"支出趋势预算 1"工作簿,选择 B5:N10 单元格区域,并打开"设置单元格格式"对话框,在"数字"选项卡的列表框中选择"货币"选项。

02 在"小数位数"数值框中输入"2",在"货币符号(国家 / 地区)"下拉列表中选择"¥",在"负数"列表框中选择"¥-1,234.10",如图 8-4 所示。

03 单击"确定"按钮,完成设置,效果如图 8-5 所示。可以看到,和数值格式相比,货币格式前面只是增加了一个 ¥ 符号。

图 8-4

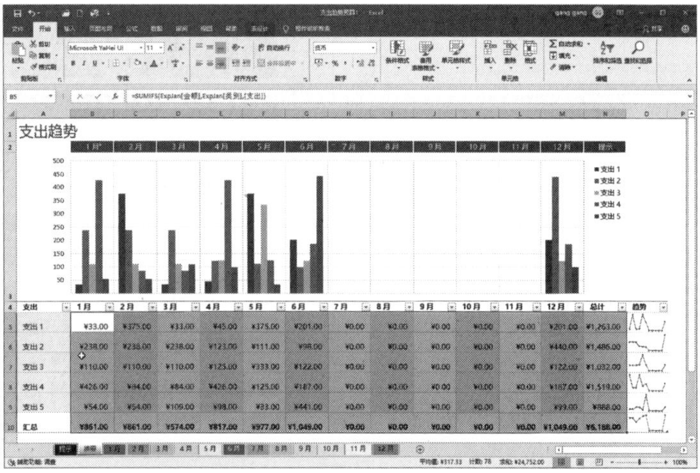

图 8-5

8.1.2 设置对齐方式

设置单元格中数据的对齐方式，可以提高阅读工作簿的速度，而且不会扰乱用户的思维，并使表格更加美观。

设置对齐方式的操作步骤如下。

01 启动 Excel，新建或打开工作簿，选择 C4:C20 单元格区域，如图 8-6 所示。

02 单击"开始"选项卡中"数字"选项组右下角的"数字格式"按钮，在打开的"设置单元格格式"对话框中选择"对齐"选项卡。

03 在"水平对齐"下拉列表中选择"居中"选项，如图 8-7 所示。

04 单击"确定"按钮完成设置，效果如图 8-8 所示。

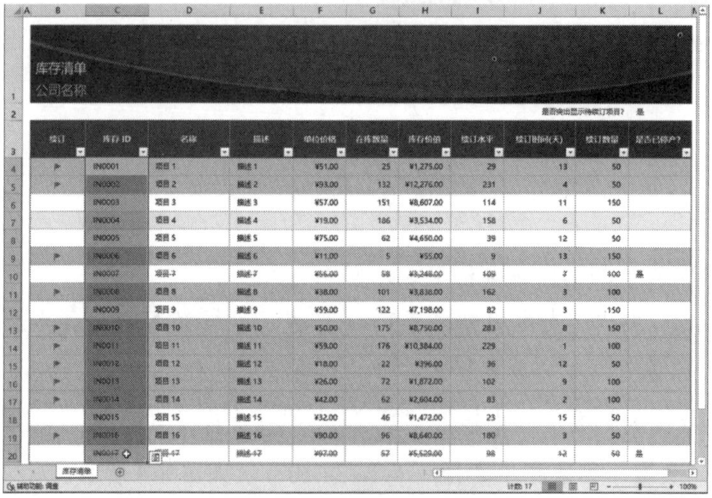

图 8-6

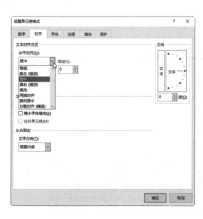

图 8-7

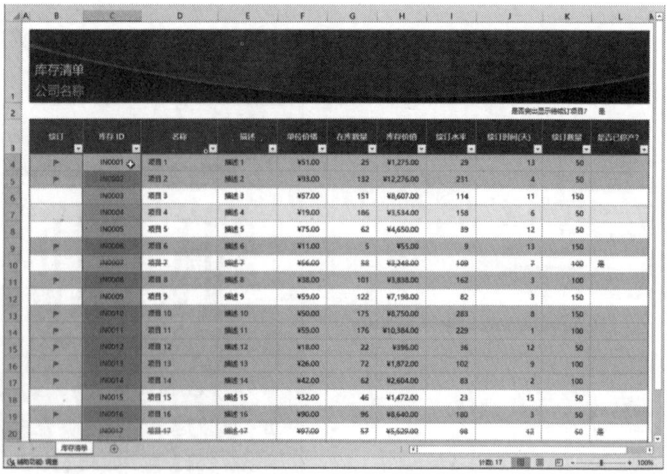

图 8-8

8.1.3　设置字体格式

表格制作完成后，可能会觉得制作的表格不够美观，在内容表现上也不直观。这是因为 Excel 默认输入内容的字体为宋体、字号为 11 磅。要使表格变得既美观又直观，可以通过设置字体格式来实现。

设置字体格式的操作步骤如下。

01 打开 Excel 工作簿，选择 B3 单元格，如图 8-9 所示。

02 打开"设置单元格格式"对话框，在"字体"选项卡的"字体"下拉列表中选择"汉仪粗宋简"，在"字形"列表框中选择"常规"，在"字号"列表框中选择"18"，如图 8-10 所示。

03 打开"颜色"下拉列表并选择"其他颜色"选项，弹出"颜色"对话框，选择"标准"和"自定义"选项卡也可选择颜色。

04 单击"确定"按钮，关闭"设置单元格格式"对话框，效果如图 8-11 所示。

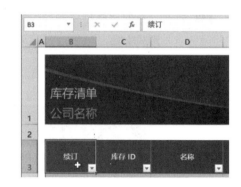

图 8-9

图 8-10

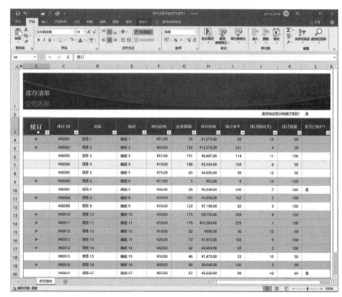

图 8-11

8.1.4　添加边框

在 Excel 默认情况下，表格的边线是不会被打印输出的，若需要打印出表格的边框线，可自行设置。

添加边框的操作步骤如下。

01 打开 Excel 工作簿，选择 C5:K17 单元格，如图 8-12 所示。

02 打开"设置单元格格式"对话框，选择"边框"选项卡，在"样式"列表框中选择双线，在"颜色"下拉列表中选择"紫色"，单击"边框"选项组中的上下左右各项，如图 8-13 所示。

03 单击"确定"按钮，完成的设置效果如图 8-14 所示。

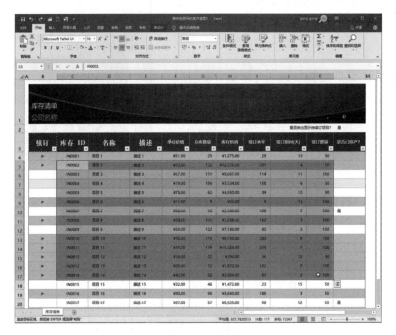

图 8-12

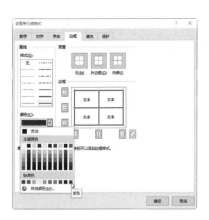

图 8-13

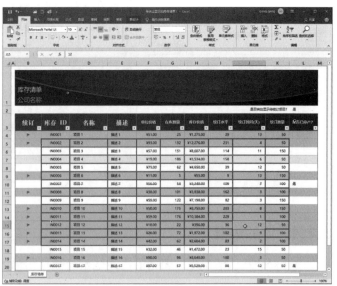

图 8-14

8.1.5 填充单元格

在制作表格时对重要的单元格进行填充，既可以给自己提个醒，又可以使其他人在查看表格时一目了然。填充单元格主要是为单元格添加颜色、填充效果和添加底纹等。

填充单元格的操作步骤如下。

01 打开 Excel 工作簿，选择 C3:C8 单元格区域，如图 8-15 所示。

02 打开"设置单元格格式"对话框，选择"填充"选项卡，选择"图案颜色"为蓝色，"图案样式"为 50% 灰色，如图 8-16 所示。

03 单击"确定"按钮，关闭"设置单元格格式"对话框，完成设置后的效果如图 8-17 所示。

图 8-15

图 8-16

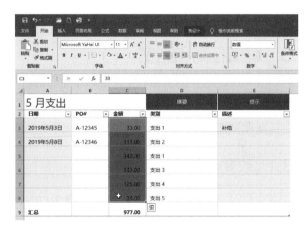

图 8-17

8.2 合并和拆分单元格

在编辑工作表时，一个单元格中输入的内容过多，在显示时可能会占用几个单元格的位置（如表名的内容），这时就需要将几个单元格合并成一个适合单元格内容大小的单元格。如果不需要合并单元格时，还可以将其拆分。

将表格标题所占的单元格合并为一个单元格的操作步骤如下。

01 启动 Excel，打开"支出趋势预算 1"工作簿，选择 A1:C1 单元格区域。

02 在"开始"选项卡下，单击"对齐方式"选项组中"合并后居中"按钮右侧的下拉按钮，在弹出的菜单中选择"合并后居中"命令，如图 8-18 所示。

03 合并单元格后，效果如图 8-19 所示。

> **提示：** 拆分单元格的方法是单击"开始"选项卡下"对齐方式"选项组中"合并后居中"按钮
> 右侧的下拉按钮，在弹出的菜单中选择"取消单元格合并"命令即可。

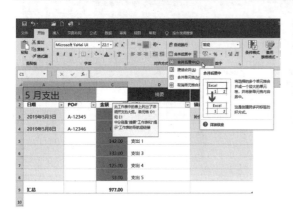

图 8-18

图 8-19

8.3 编辑行高和列宽

在编辑工作表时，当表格的行高和列宽影响到数据的显示时，可根据单元格内容适当改变行高和列宽，使单元格中的内容显示得更加清楚、完整。

8.3.1 改变行高

改变行高的方法有两种：第一种是拖动行号手动调整行高，第二种是根据对话框设置行高的具体数值。

方法 1：手动调整行高

启动 Excel，根据"电影列表"模板新建一个工作簿，将鼠标指针移动到"电影列表"工作表第 1 行的行号下方，待鼠标指针变成 ╪ 形状时上下拖动，即可改变该单元格的行高，如图 8-20 所示。

方法 2：设置具体行高值

选择要改变行高的单元格，单击"开始"选项卡下"单元格"选项组中的"格式"按钮，在弹出的菜单中选择"单元格大小"｜"行高"命令，如图 8-21 所示。

打开"行高"对话框，如图 8-22 所示。在其中的"行高"文本框中输入具体的行高值，单击"确定"按钮即可。

图 8-20

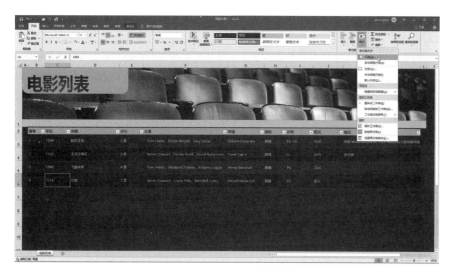

图 8-21

图 8-22

8.3.2　改变列宽

改变列宽同样也有两种方法，第一种是拖动列标手动调整列宽，第二种是根据对话框设置列宽的具体数值。

方法 1：手动调整列宽

打开"电影列表 1"工作簿，将鼠标指针移动到列标两端，待鼠标指针变成 ✛ 形状时左右拖动，即可改变该单元格的列宽，如图 8-23 所示。

方法 2：设置具体列宽值

选择要改变列宽的单元格，单击"开始"选项卡下"单元格"选项组中的"格式"按钮，在弹出的菜单中选择"单元格大小"｜"列宽"命令，打开"列宽"对话框，在"列宽"文本框中输入具体的列宽值，单击"确定"按钮即可。

图 8-23

8.4 使用样式

Excel 提供了多种单元格样式，使用单元格样式可以使每一个单元格都具有不同的特点，还可以根据需要为单元格中的数据设置单元格样式。

8.4.1 创建样式

创建单元格样式的操作步骤如下。

01 单击"开始"选项卡下"样式"选项组中的"其他"按钮，如图 8-24 所示。

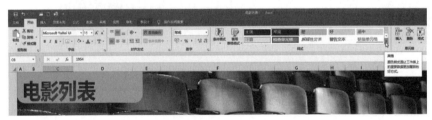

图 8-24

02 在弹出的菜单中选择"新建单元格样式"命令，如图 8-25 所示。

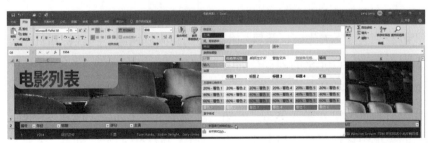

图 8-25

03 打开"样式"对话框，在"样式名"文本框中输入"电影名称样式"，如图 8-26 所示。

04 单击"格式"按钮，打开"设置单元格格式"对话框，选择"字体"选项卡，在"字体"列表框中选择"方正启体简体"，在"字形"列表框中选择"常规"，在"字号"列表框中选择"14"，在"颜色"下拉列表中选择浅蓝色，如图 8-27 所示。

05 选择"边框"选项卡，在"样式"列表框中选择右边第 3 种虚线，在"预置"选项中选择"外边框"，如图 8-28 所示。

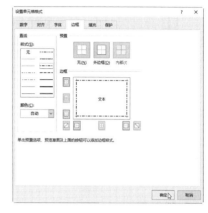

图 8-26　　　　　　　　　图 8-27　　　　　　　　　图 8-28

06 单击"确定"按钮，关闭"样式"对话框。

07 选择要应用样式的单元格，例如 D3:D6 单元格区域，然后单击"开始"选项卡下"样式"选项组中的"其他"按钮，在弹出菜单的"自定义"选项组中单击刚才自定义的样式即可应用样式，如图 8-29 所示。

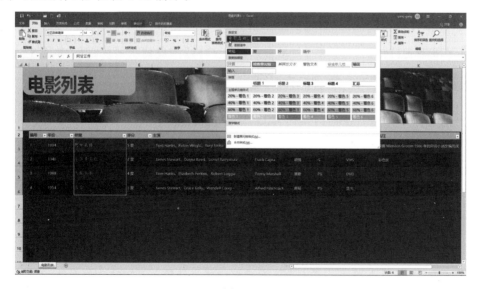

图 8-29

8.4.2 设置条件格式

在编辑表格时，可以设置条件格式。条件格式是规定单元格中的数据在满足自定义条件时，将单元格显示为相应条件的单元格样式。例如，可以在股票行情表格设置一个条件格式，如果交易价格上涨则显示为红色，交易价格下跌则显示为绿色。

设置条件格式的单元格中必须是数字，不能有其他文字，否则是不能被成功设置的。

设置条件格式的操作步骤如下。

01 启动 Excel，按快捷键 Ctrl + N 新建一个工作簿，然后输入如图 8-30 所示的数据。

图 8-30

> **提示：** 在 C3~C5 单元格中是输入公式得到的结果。本书未涉及这一部分内容的详细介绍，初学者可以直接输入百分比数字。

02 选中 D3 单元格（也就是"中国核电"的现价），单击"开始"选项卡下"样式"选项组中的"条件格式"按钮，在弹出的菜单中选择"突出显示单元格规则" | "大于"命令，如图 8-31 所示。

03 在出现的"大于"对话框中，单击第一个文本框右侧的扩展按钮，如图 8-32 所示。

图 8-31   图 8-32

04 在 E3 单元格上单击，"大于"对话框中将自动输入 =$E$3，如图 8-33 所示。

05 单击"大于"对话框中文本框右侧的收缩按钮，返回到正常形态的"大于"对话框，然后从"设置为"下拉菜单中选择"红色文本"。这个规则的意思就是,如果"现价"大于"昨日收盘价",说明股价是上涨的,所以显示为红色,如图 8-34 所示。

图 8-33

图 8-34

06 单击"确定"按钮关闭"大于"对话框。

07 继续选择 D3 单元格,单击"开始"选项卡下"样式"选项组中的"条件格式"按钮,在弹出的菜单中选择"突出显示单元格规则"│"小于"命令,如图 8-35 所示。

	A	B	C	D	E
1			今日股票行情		
2	代码	名称	涨幅	现价	昨日收盘价
3	601985	中国核电	1.37%	5.93	5.85
4	000920	南方汇通	2.90%	8.51	8.27
5	600036	招商银行	-2.49%	34.45	35.33

图 8-35

08 在出现的"小于"对话框中,按同样的方式选中单元格 E3,使其左侧框中自动输入 =$E$3,而在"设置为"下拉菜单中,由于现价小于昨日收盘价,表示股价下跌,应该显示为绿色文本,但是预置格式里面并没有合适的选项,所以需要单击"自定义格式",如图 8-36 所示。

09 在出现的"设置单元格格式"对话框中,选择"颜色"为绿色,如图 8-37 所示。

10 逐级单击"确定"关闭对话框。

11 继续选择 D3 单元格,单击"开始"选项卡下"样式"选项组中的"条件格式"按钮,在弹出的菜单中选择"突出显示单元格规则"│"等于"命令,如图 8-38 所示。

图 8-36　　　　　　　　　　　　　　　　图 8-37

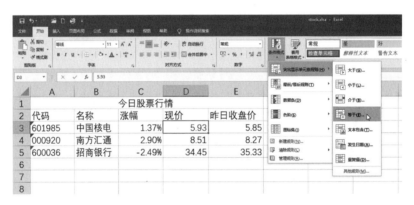

图 8-38

12 在出现的"等于"对话框中，按同样的方式选中单元格 E3，使其左侧框中自动输入 =$E$3，而在"设置为"下拉菜单中，如果现价等于昨日收盘价则应该显示为白色文本，但是预置格式里面并没有合适的选项，所以需要单击"自定义格式"，如图 8-39 所示。

图 8-39

13 在出现的"设置单元格格式"对话框中，选择"颜色"为白色，如图 8-40 所示。

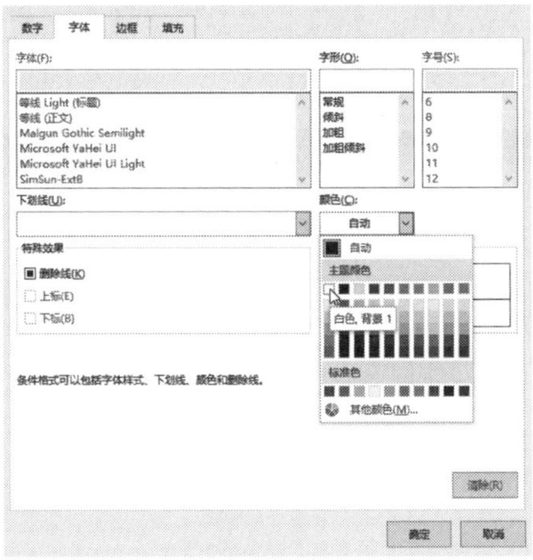

图 8-40

14 逐级单击"确定"按钮关闭对话框。

15 现在我们来测试一下条件格式的正确性。将"中国核电"的昨日收盘价修改为 6.15，则现价 5.93 显然为下跌，所以显示为绿色。将昨日收盘价修改为 5.58，则今日现价 5.93 显然为上涨，所以显示为红色。将昨日收盘价修改为 5.93，与今日现价相同，则现价显示为白色，由于与白色背景重叠，所以看起来没有数字，如图 8-41 所示。

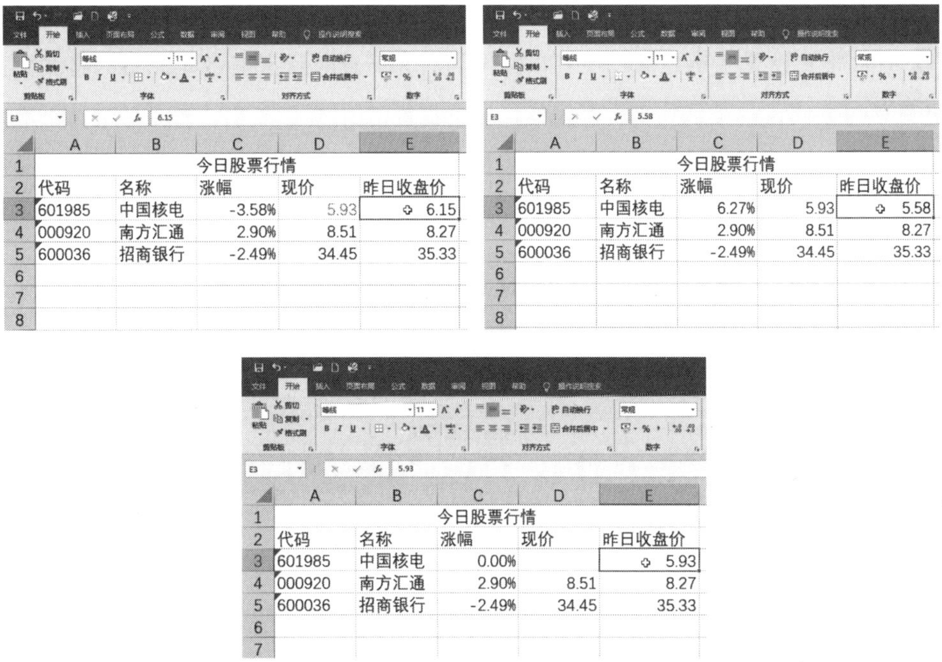

图 8-41

16 上述测试证明条件格式设置是成功的。反过来测试也一样。例如，输入现价为 6.42，则它显示为红色；输入现价为 5.69，那么它会显示为绿色；输入现价为 5.93，则同样显示为白色，如图 8-42 所示。

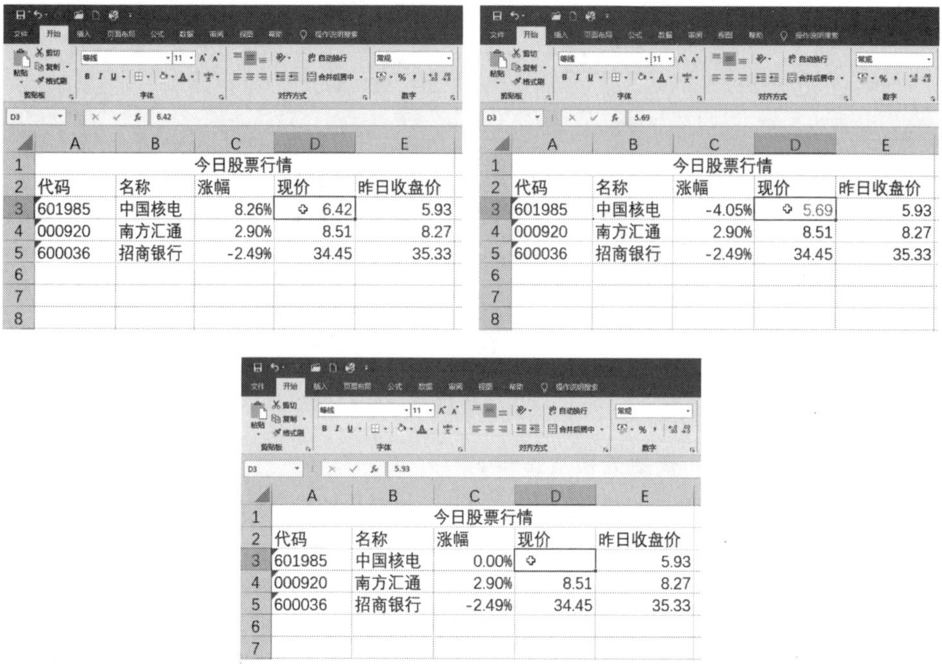

图 8-42

17 条件格式设置完毕之后，还可以按同样的方式继续设置其他单元格的格式，当然，还有更简单的方式，就是选中 D3 单元格，按快捷键 Ctrl + C 复制，然后右击 D4 单元格，在出现的快捷菜单中，选择"粘贴选项"中的"格式"，这样就可以把条件格式复制过去。可以看到，D4 单元格由于现价是上涨的，所以它预览已经显示为红色，如图 8-43 所示。

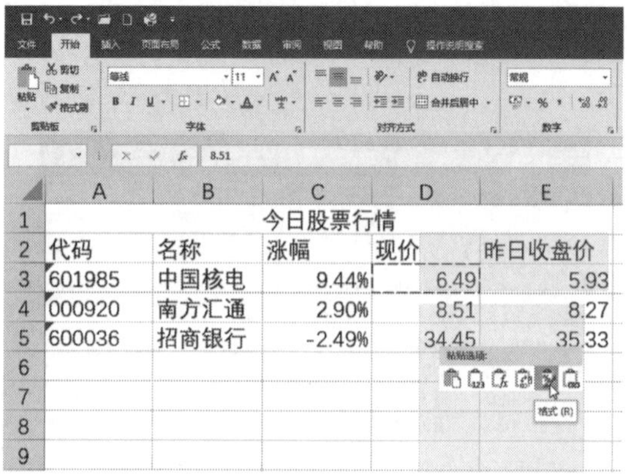

图 8-43

8.4.3　套用表格格式

套用表格格式可以快速地为表格设置格式。套用表格格式的操作步骤如下。

01 打开需要套用表格格式的 Excel 表格，选择单元格区域。在本示例中，可以选中上述股票行情 A2:E5 单元格区域。

02 单击"开始"选项卡下"样式"选项组中的"套用表格格式"按钮，在弹出的菜单中选择表格样式，如图 8-44 所示。

03 在出现的"套用表格式"对话框中，确认表数据的来源就是 A2:E5 单元格区域，如图 8-45 所示。

04 单击"确定"按钮，该单元格区域即套用了选中的表格格式，如图 8-46 所示。

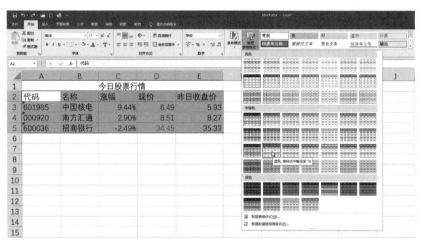

图 8-44

图 8-45

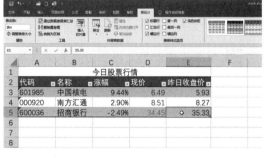

图 8-46

05 如果需要撤销应用的表格格式，可选择所需要撤销格式的单元格区域，然后单击"表设计"选项卡下"表格样式"选项组中的"清除"选项，如图 8-47 所示。

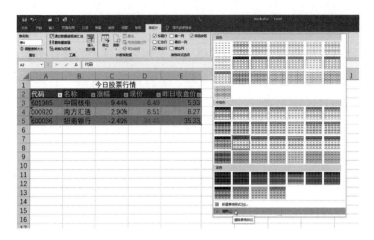

图 8-47

8.5 设置工作表的背景图案

在 Excel 中，还可以为工作表设置背景图案，以使表格更加美观。

为工作表添加背景图案的操作步骤如下。

01 打开 Excel 工作簿，单击"页面布局"选项卡下"页面设置"选项组中的"背景"按钮，打开"插入图片"对话框，在"必应图像搜索"框中输入"股市"关键字进行搜索，如图 8-48 所示。从搜索结果中选择合适的图片，单击"插入"按钮。

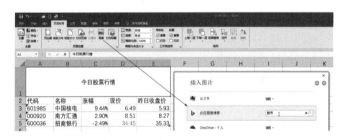

图 8-48

02 设置工作表背景图案的效果如图 8-49 所示。

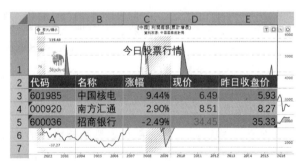

图 8-49

第 9 章　操作工作表和工作簿

在利用 Excel 进行数据处理的过程中，经常需要对工作簿和工作表进行操作，例如插入和删除工作表、设置重要工作表的保护等。下面对编辑工作表的方法进行介绍。

9.1　管理工作簿

本节学习工作簿的基本操作，主要包括新建、保存、打开、保护和关闭工作簿等。

9.1.1　新建工作簿

启动 Excel 时，将自动创建一个名为"Book1"的工作簿。新建一个工作簿时，Excel 提供了大量的模板供用户选择。

新建工作簿的操作步骤如下。

01 启动 Excel，单击"文件"选项卡，然后在"新建"界面中选择模板。

02 在"新建"面板中，单击"空白工作簿"图标（这其实也是一种比较特殊的模板），即可新建一个空白工作簿。在"搜索联机模板"框中输入关键字，可以联机搜索，获得更多的模板。

提示： 要直接新建空白工作簿，可以按快捷键 Ctrl + N。

9.1.2　保存工作簿

用户可将自己重要的工作簿保存在电脑中，以便随时打开对其进行编辑。

保存工作簿的操作步骤如下。

01 单击快速访问工具栏中的"保存"按钮，打开"保存此文件"面板。单击"更多保存选项"。

02 在打开的"另存为"面板中，单击"浏览"按钮，弹出"另存为"对话框，选择保存路径。

03 在"文件名"文本框中输入保存文件的名称。

04 单击"保存"按钮，保存完成。

9.1.3　打开工作簿

对于保存后的工作簿，在需要进行查看或再编辑等操作时，就要先打开工作簿。

打开工作簿的操作步骤如下。

01 启动 Excel，单击"文件"选项卡，在弹出的"文件"界面中选择"打开"命令。

02 在"打开"面板中，可以看到最近打开的 Excel 工作簿列表。如果要打开的工作簿不在列表中，则可以选择"浏览"选项，打开"打开"对话框，在该对话框中的"查找范围"下拉列表中选择文件所在的位置。

> **提示：** 按快捷键 Ctrl + O，可以实现快速打开功能。

9.1.4 保护工作簿

如果保存有重要信息的工作簿不想被其他人随便查看和修改时，可以使用保护工作簿的方法，限制其他人的查看和修改。

保护工作簿的操作步骤如下。

01 打开 Excel 工作簿，在"审阅"选项卡中，单击"更改"选项组中的"保护工作簿"按钮，如图 9-1 所示。

图 9-1

02 在打开的"保护结构和窗口"对话框中，默认已选中"结构"复选框，在"密码（可选）"文本框中输入密码，单击"确定"按钮，如图 9-2 所示。

03 在打开的"确认密码"对话框中重复输入相同的密码，单击"确定"按钮即可，如图 9-3 所示。

04 工作簿被保护之后，现在左下角的"新工作表"已经变成灰色，不能使用了，如图 9-4 所示。

05 要取消对工作簿的保护，可以再次单击"保护工作簿"按钮，此时会弹出"撤消工作簿保护"对话框，要求输入保护密码，如图 9-5 所示。

   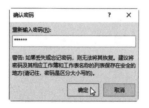   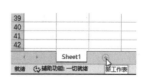   

图 9-2   图 9-3   图 9-4   图 9-5

9.1.5　关闭工作簿

对工作簿进行编辑并保存后，需将其关闭以减少内存占用空间，单击"工具"选项卡右侧的"关闭"按钮即可关闭当前工作簿，也可以直接按快捷键 Alt + F4 退出 Excel 程序。要关闭工作簿而不退出 Excel 程序，则可以按快捷键 Ctrl + W。

9.2　管理工作表

工作表是 Excel 工作簿的基本组成。管理工作表是用户必须掌握的操作。

9.2.1　选择工作表

在对某张工作表进行编辑前必须选择该工作表。在选择工作表时，可以选择单张工作表，若需要同时对多张工作表进行操作，可以选择相邻的多张工作表使其成为"工作组"，还可以选择不相邻的多张工作表，也可以快速选择工作簿中的全部工作表。

1. 选择单张工作表

在要选择的工作表标签上单击即可选择该工作表，例如，在图 9-6 中，单击"销售成本"工作表标签，即可切换显示第 2 个工作表，选择的工作表为当前工作表，可对其进行操作。

2. 选择相邻的多张工作表

单击想要选择范围内的第一张工作表的标签，例如"收入（销售额）"，然后按住 Shift 键单击最后一张工作表标签，例如"支出"，即可选择"收入（销售额）"和"支出"之间的所有工作表，如图 9-7 所示。

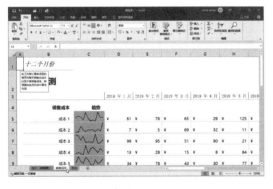

图 9-6　　　　　　　　　　　　　　　　　图 9-7

3. 选择不相邻的多张工作表

单击想要选择的第一张工作表的标签，再按住 Ctrl 键单击要选择的其他工作表标签。

例如，选择"收入（销售额）"，按住 Ctrl 键单击"支出"，即可选择"收入（销售额）"和"支出"这两张工作表，如图 9-8 所示。

　　4. 选择工作簿中的全部工作表

　　在任意工作表标签上单击鼠标右键，在弹出的快捷菜单中选择"选定全部工作表"命令，可以快速选择工作簿中的全部工作表，如图 9-9 所示。

图 9-8　　　　　　　　　　　　　　　图 9-9

9.2.2　重命名工作表

　　Excel 中工作表的默认名称为"Sheet1""Sheet2""Sheet3"等，这在实际工作中既不直观也不方便记忆，这时，用户可以修改这些工作表的名称。

　　重命名工作表的操作步骤如下。

01 双击需要重命名的工作表标签，该工作表标签呈高亮显示，如图 9-10 所示。

02 在高亮显示的工作表标签上直接输入所需要的名称，例如，本示例输入"华南地区"，然后按 Enter 键即可，如图 9-11 所示。

　　　　　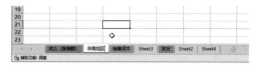

图 9-10　　　　　　　　　　　　　图 9-11

03 采用同样的方法，将其他默认的工作表标签的名称分别重命名为"华北地区""华东地区"和"东北地区"，效果如图 9-12 所示。

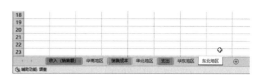

图 9-12

9.2.3 插入工作表

在 Excel 默认情况下，一个工作簿中只有 1 张工作表，当需要更多工作表时可以插入新工作表。

插入工作表的操作步骤如下。

01 在工作表标签上右击，然后在弹出的快捷菜单中选择"插入"命令，如图 9-13 所示。

02 打开"插入"对话框，在"常用"选项卡中选择"工作表"图标，然后单击"确定"按钮，如图 9-14 所示。

此时可在工作表标签栏中插入一张新的工作表标签。

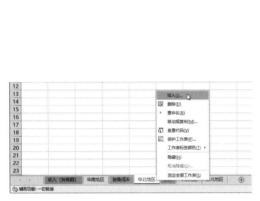

图 9-13　　　　　　　　　　　　　　图 9-14

03 快速插入新工作表的方式是单击工作表标签右侧的"新工作表"按钮，如图 9-15 所示。区别在于，上一种方法可以插入其他模板的工作表。

图 9-15

9.2.4 移动和复制工作表

有时需要将一个工作表移动或复制到另一位置，方法有两种：一种是拖动法，即直接拖动工作表标签到需要的位置；另一种是选择命令法，通过命令设置工作表到需要的位置。

1. 在同一工作簿中移动工作表

工作表标签中各工作表的位置并不是固定不变的，可以改变它们的位置。

在同一工作簿中移动工作表的操作步骤如下。

选择需要移动的工作表，然后在该工作表标签上按住鼠标左键进行拖动，此时有一个页面图标随鼠标光标移动，表示工作表将定位的位置，如图 9-16 所示。

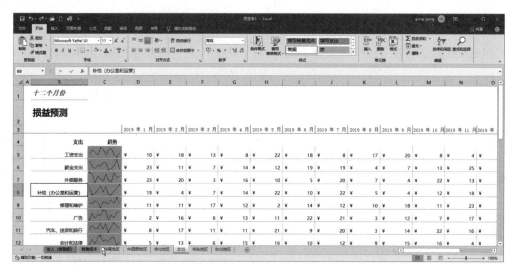

图 9-16

当页面图标到达所需的位置时释放鼠标左键，即可移动该工作表。

2. 在不同工作簿中复制工作表

当需要制作一张与某张工作表相同的工作表时，可使用工作表的复制功能。

复制工作表的操作步骤如下。

01 选择要复制的工作表，在该工作表标签上右击，然后在弹出的快捷菜单中选择"移动或复制"命令，如图 9-17 所示。

02 打开"移动或复制工作表"对话框，在"将选定工作表移至工作簿"下拉列表中选择要移动到的工作簿，注意选中"建立副本"复选框，单击"确定"按钮，如图 9-18 所示。

03 新工作表将出现在指定的工作簿中，双击工作表的名称即可对其进行修改，如图 9-19 所示。

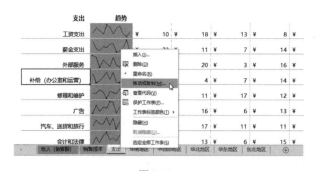

图 9-17

图 9-18

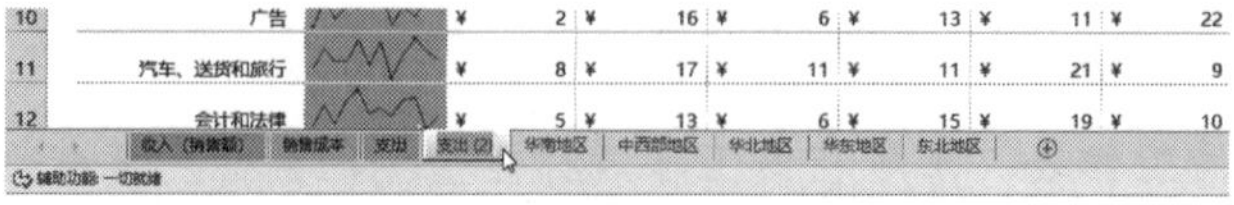

图 9-19

9.2.5 删除工作表

若不再需要工作簿中的某张工作表，可以将其删除。删除工作表的操作步骤如下。

选择需要删除的工作表，在该工作表标签上单击鼠标右键，在弹出的快捷菜单中选择"删除"命令。

> **提示：** 选择需要删除的工作表的标签，在"开始"选项卡的"单元格"选项组中单击"删除"按钮，在弹出的菜单中选择"删除工作表"命令，也可删除该工作表，如图 9-20 所示。

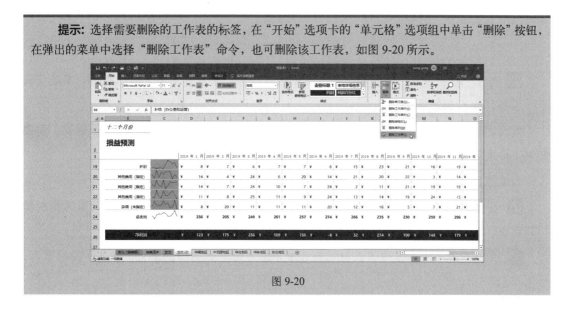

图 9-20

9.2.6 保护工作表

若工作表中的数据只允许别人查看，而不能让别人修改，此时就需要保护工作表。保护后的工作表只有在输入相应的密码后才能对表格中的数据进行编辑和修改。

保护工作表的操作步骤如下。

01 启动 Excel，选择需要保护的工作表，在该工作表标签上右击，在弹出的快捷菜单中选择"保护工作表"命令，如图 9-21 所示。

图 9-21

02 打开"保护工作表"对话框，在"取消工作表保护时使用的密码"文本框中输入密码，这里输入"123456"，在"允许此工作表的所有用户进行"下拉列表中选中"选定锁定单元格"和"选定未锁定的单元格"复选框，单击"确定"按钮，如图9-22所示。

> **提示：** 在"保护工作表"对话框的"允许此工作表的所有用户进行"列表框中可以设置允许他人对工作表进行的编辑操作。如果取消选中所有复选框，他人将不能对工作表进行任何操作；若选中部分复选框，则可以对选择的工作表进行相应的操作。

03 打开"确认密码"对话框，在"重新输入密码"文本框中再次输入密码，单击"确定"按钮，如图9-23所示。

此时若在保护的工作表中进行操作，将打开一个提示对话框提示不能进行更改，需要撤销工作表保护后才能进行更改操作。

若要修改工作表中的数据，需要撤销对工作表的保护，操作步骤如下。

01 在已经设置保护的工作表标签上右击，在弹出的快捷菜单中选择"撤消工作表保护"命令。

02 在打开的"撤消工作表保护"对话框中输入设置的密码，单击"确定"按钮即可，如图9-24所示。

图 9-22

图 9-23

图 9-24

9.2.7　隐藏或显示工作表

设置保护工作表后，他人只是不能对其进行部分操作，但仍可以查看，隐藏工作表则可以避免其他人员查看，当需要查看时再将该工作表显示出来。

隐藏或显示工作表的操作步骤如下。

01 打开 Excel 工作簿，选择需要隐藏的工作表，在该工作表标签上右击，然后在弹出的快捷菜单中选择"隐藏"命令，如图 9-25 所示。此时该工作表就被隐藏起来了。

02 当需要查看隐藏的工作表时，需要将它显示出来，只需在该工作簿中的任意工作表标签上右击，在弹出的快捷菜单中选择"取消隐藏"命令，在打开的"取消隐藏"对话框中选择需要显示的工作表，然后单击"确定"按钮即可，如图 9-26 所示。

图 9-25

图 9-26

9.2.8　冻结窗格

当工作表中的数据超过多屏时，冻结窗格命令非常有用。如图 9-27 所示，该工作表的最上方是一个表头（灰色区域），下面白色区域的数据则超过了一屏。

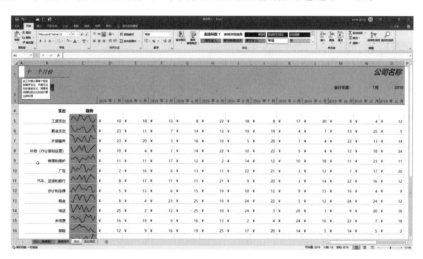

图 9-27

当用户想要滚动查看下面的更多数据时，发现顶部灰色区域的表头也随着滚动，这样不方便对照查看，如图 9-28 所示。为了解决这个问题，可以把灰色的表头区域冻结起来，禁止它滚动。其操作方法如下。

> **提示：** 在查看包含大量数据的表格时，"冻结窗格""冻结首行"和"冻结首列"功能都特别实用。要取消冻结，只需要再次单击原位置的命令（这时它变成了"取消冻结窗格"命令）即可。

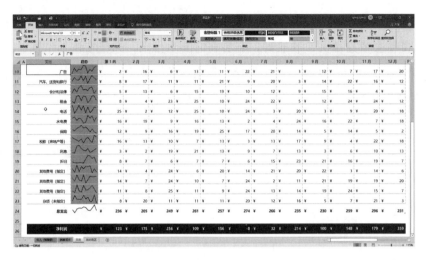

图 9-28

01 使用鼠标拖动选择灰色的表头区域（即 A1:O3 单元格区域），单击"视图"选项卡"窗口"选项组中的"冻结窗格"按钮，在弹出的菜单中选择"冻结窗格"命令，如图 9-29 所示。

02 在冻结窗格之后，表头区域不再滚动。这样，当滚动其他行的数据时，仍然能清晰地对照查看表头，如图 9-30 所示。

图 9-29

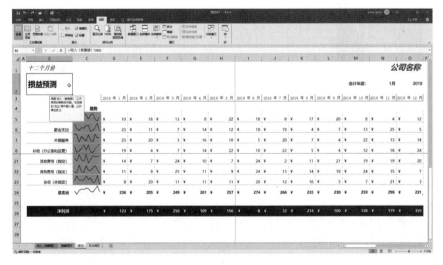

图 9-30

第 10 章　分析和管理数据

Excel 与其他的数据管理软件一样，拥有强大的排序、检索和汇总等数据管理功能，不仅能够通过记录来增加、删除和移动数据，而且能够对数据清单进行排序、汇总等操作。

10.1　对数据进行排序

在 Excel 中对数据进行排序的方法很多也很方便，用户可以对一列或一行进行排序，也可以设置多个条件来排序，还可以自己输入序列进行自定义排序。

10.1.1　简单的升序与降序

在 Excel 工作表中，如果只按某个字段进行排序，那么这种排序方式就是单列排序，可以使用选项组中的"升序"和"降序"按钮来实现。下面以降序排序"贷款分析工作表"为例介绍使用选项组按钮进行排序的方法。

01 打开"贷款分析工作表 1"工作簿，单击利率字段列中的任意单元格，如图 10-1 所示。

02 切换至"数据"选项卡下，在"排序和筛选"选项组中单击"降序"按钮，如图 10-2 所示。

图 10-1

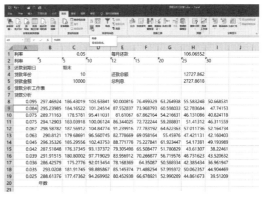

图 10-2

在上图中可以看到，此时数据按照"利率"字段数据进行了降序排列。

10.1.2　根据条件进行排序

如果希望按照多个条件进行排序，以便获得更加精确的排序结果，可以使用多列排序，也就是按照多个条件进行排序。下面将按日期升序、金额降序对表格中的数据进行排列，具体操作步骤如下。

01 启动 Excel,按快捷键 Ctrl + N 新建一个空白工作簿,然后输入图 10-3 所示的数据。

图 10-3

02 在"数据"选项卡下单击"排序和筛选"选项组中的"排序"按钮,如图 10-4 所示。

图 10-4

03 弹出"排序"对话框,单击"主要关键字"下拉列表框右侧的下三角按钮,在展开的下拉列表中单击"日期"选项,"排序依据"按默认的"单元格值","次序"按默认的"升序",如图 10-5 所示。

04 单击"添加条件"按钮,如图 10-6 所示,添加次要关键字项。

图 10-5

图 10-6

05 单击"次要关键字"下拉列表框右侧的下三角按钮,在弹出的下拉列表中选择"金额"选项,"排序依据"默认为"单元格值",在"次序"下拉列表中选择"降序"选项,如图 10-7 所示。

06 单击"确定"按钮,此时工作表中的数据按"日期"字段进行了升序排列,在日期相同的情况下再按"金额"字段进行降序排列,得到如图 10-8 所示的排序结果。

图 10-7　　　　　　　　　　　图 10-8

10.2　筛选数据

筛选数据是指在数据表中根据指定条件获取其中的部分数据。Excel 中提供了多种筛选数据的方法。

10.2.1　自动筛选数据

自动筛选是所有筛选方式中最便捷的一种,用户只需要进行简单的操作即可筛选出所需要的数据。

01 打开上一节所使用的工作簿示例,在"数据"选项卡下单击"排序和筛选"选项组中的"筛选"按钮,如图 10-9 所示。

图 10-9

02 此时各字段名称右侧添加了下三角按钮，单击"购买者"右侧的下三角按钮，在展开的菜单中选中"安文"复选框，取消其他复选框的选择，如图 10-10 所示。

图 10-10

03 单击"确定"按钮，此时工作表中只显示"购买者"为"安文"的记录，如图 10-11 所示。

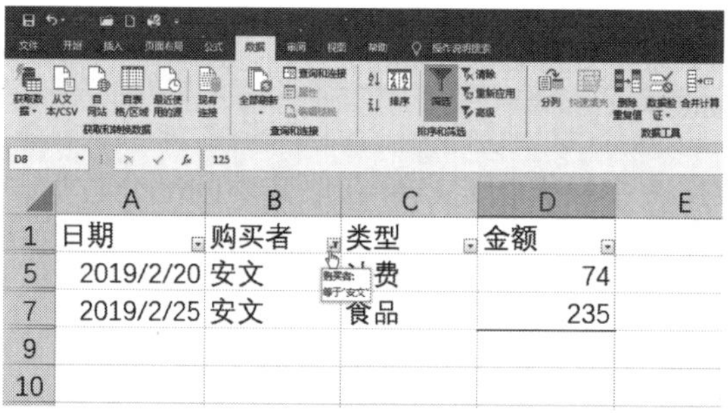

图 10-11

10.2.2 高级筛选

高级筛选一般用于比较复杂的数据筛选，如多字段多条件筛选。在使用高级筛选功能对数据进行筛选前，需要先创建筛选条件区域，该条件区域的字段必须为现有工作表中已有的字段。

在 Excel 中，用户可以在工作表中输入新的筛选条件，并将其与表格的基本数据分隔开，即输入的筛选条件与基本数据间至少保持一个空行或一个空列的距离。建立多行条件区域时，行与行之间的条件是"或"的关系，而同一行的多个条件之间则是"与"的关系。本例需要筛选出安文购买金额大于 100 的记录。

01 打开上一节所使用的工作簿示例，在数据区域下方创建如图 10-12 所示的条件区域。

02 在"数据"选项卡下单击"排序和筛选"选项组中的"高级"按钮,弹出"高级筛选"对话框,在"方式"选项组中选中"将筛选结果复制到其他位置"单选按钮,然后单击"列表区域"数据框右侧的按钮,如图 10-13 所示。

图 10-12   图 10-13

03 返回工作表中,选中列表区域 A1:D16,再单击"列表区域"数据框右侧按钮返回"高级筛选"对话框,如图 10-14 所示。采用相同的方法,设置"条件区域",如图 10-15 所示。

图 10-14   图 10-15

04 按同样的方法,选择"复制到"区域,如图 10-16 所示。

图 10-16

05 各选项设置完成之后，单击"确定"按钮，即可在指定的单元格区域位置筛选出符合条件的数据记录，如图 10-17 所示。

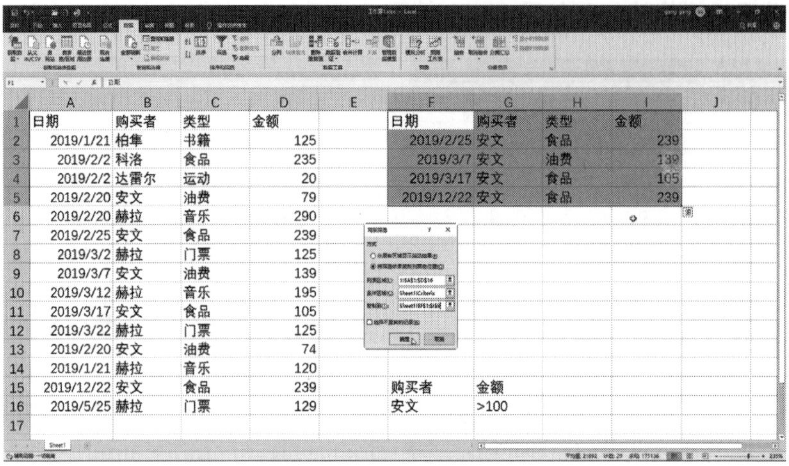

图 10-17

10.3 对数据进行分类汇总

分类汇总是指根据指定类别将数据以指定方式进行统计，这样可以快速将大型表格中的数据进行汇总和分析，以获得需要的统计数据。

10.3.1 对数据进行求和汇总

对数据进行求和汇总是 Excel 中最简单方便的汇总方式，只需要为数据创建分类汇总即可。在创建分类汇总之前，先要对需要汇总的数据项进行排序。在本例中将使用分类汇总功能计算各个购买者的总消费金额。

01 打开上一节所使用的工作簿示例，单击"购买者"字段列的任意单元格，在"排序和筛选"选项组中单击"降序"按钮，如图 10-18 所示。

02 此时工作表中的数据按"购买者"字段进行降序排列。注意，由于"购买者"字段中的内容并非数字而是姓名字符，所以它是以姓氏的拼音为序的，如图 10-19 所示。

03 在"分级显示"选项组中单击"分类汇总"按钮，弹出"分类汇总"对话框，设置"分类字段"为"购买者"，"汇总方式"为"求和"，在"选定汇总项"列表框中选中"金额"复选框，如图 10-20 所示。

04 单击"确定"按钮。此时工作表中的数据按"购买者"字段对"金额"数据进行了汇总，得到如图 10-21 所示的汇总结果。

	A	B	C	D	E
1	日期	购买者	类型	金额	
2	2019/1/21	柏隼	书籍	125	
3	2019/2/2	科洛	食品	235	
4	2019/2/2	达雷尔	运动	20	
5	2019/2/20	安文	油费	79	
6	2019/2/20	赫拉	音乐	290	
7	2019/2/25	安文	食品	239	
8	2019/3/2	赫拉	门票	125	
9	2019/3/7	安文	油费	139	
10	2019/3/12	赫拉	音乐	195	
11	2019/3/17	安文	食品	105	
12	2019/3/22	赫拉	门票	125	
13	2019/2/20	安文	油费	74	
14	2019/1/21	赫拉	音乐	120	
15	2019/12/22	安文	食品	239	
16	2019/5/25	赫拉	门票	129	
17					

图 10-18

	A	B	C	D	E
1	日期	购买者	类型	金额	
2	2019/2/2	科洛	食品	235	
3	2019/2/20	赫拉	音乐	290	
4	2019/3/2	赫拉	门票	125	
5	2019/3/12	赫拉	音乐	195	
6	2019/3/22	赫拉	门票	125	
7	2019/1/21	赫拉	音乐	120	
8	2019/5/25	赫拉	门票	129	
9	2019/2/2	达雷尔	运动	20	
10	2019/1/21	柏隼	书籍	125	
11	2019/2/20	安文	油费	79	
12	2019/2/25	安文	食品	239	
13	2019/3/7	安文	油费	139	
14	2019/3/17	安文	食品	105	
15	2019/2/20	安文	油费	74	
16	2019/12/22	安文	食品	239	
17					

图 10-19

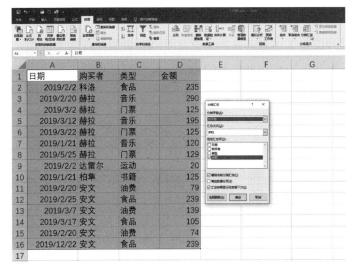

图 10-20

图 10-21

10.3.2 分级显示数据

在 Excel 中生成分类汇总的数据之后，用户能够便捷地通过工作表左侧的分级显示面板来管理视图。这里提供了级别按钮、折叠按钮和展开按钮，允许用户灵活地隐藏或展示不同层级的汇总信息，从而实现对数据细节与汇总概况的快速切换与浏览，提升了数据浏览与分析的效率。

第 11 章　Excel 工作表的打印输出

Excel 是强大的电子表格办公工具，因此，它的打印输出也是用户需要熟练掌握的常用功能。本章详细介绍了 Excel 工作表的页面布局设置和打印输出功能。

11.1　Excel 工作表的页面布局设置

如果对打印输出的工作表的页面有一些特殊要求，那么就需要在打印前对工作表页面格式进行设置和调整，以便实现最佳的打印效果。本节将介绍打印时通常要进行设置的大部分页面元素，包括页眉、页脚、页边距、分页、纸张大小和方向、打印比例、打印区域等内容。

11.1.1　插入页眉和页脚

页眉位于工作表的顶部，而页脚位于工作表的底部。通常可以在页眉和页脚处放入一些有利于标识工作表名称、用途以及其他一些辅助信息的内容，如页码、页数、制作日期等。要插入和编辑页眉和页脚，可以按以下步骤操作。

01 启动 Excel，以"饮食和锻炼日记"模板新建一个工作簿。

02 单击"插入"选项卡中的"页眉和页脚"按钮，即可输入页眉和页脚内容，如图 11-1 所示。

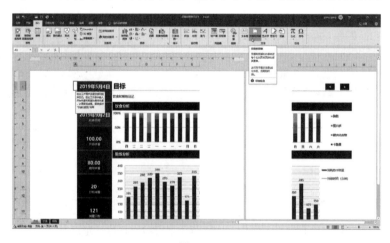

图 11-1

03 当激活页眉或页脚后，切换到"设计"选项卡下，其中"选项"选项组用于对页眉、页脚进行设置，而"页眉和页脚元素"选项组中则提供了可添加到页眉、页脚的诸多内容，如图 11-2 所示。

04 用户可以直接手动输入页眉和页脚等内容，也可以从"页眉"或"页脚"下拉菜单中选择所需的项目，如图 11-3 所示。

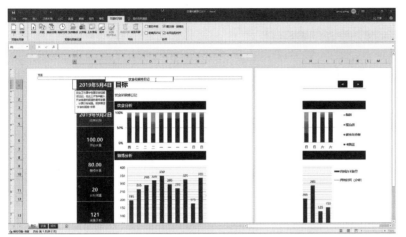

图 11-2　　　　　　　　　　　　　　　　图 11-3

05 切换到"页面布局"选项卡，打开"页面设置"对话框，选择"页眉 / 页脚"标签，单击"自定义页眉"或"自定义页脚"按钮，将打开如图 11-4 和图 11-5 所示的对话框，在其中可以输入文字并使用工具栏中的按钮对文字设置格式。

图 11-4　　　　　　　　　　　　　　　　图 11-5

11.1.2　调整页边距

页边距是指工作表数据区域与页面边界的距离，可以通过设置页边距来控制数据打印到纸张上的位置，操作步骤如下。

01 切换到"页面布局"选项卡，单击"页面设置"选项组中的"页边距"按钮，在弹出的列表中选择预设的页边距，如图 11-6 所示。

02 选择图 11-6 中的"自定义页边距"命令，将打开"页面设置"对话框，切换至"页边距"选项卡，可以设置"上""下""左""右"文本框中的值来精确设置页边距，如图 11-7 所示。

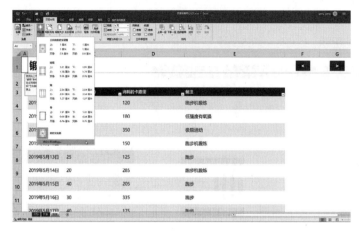

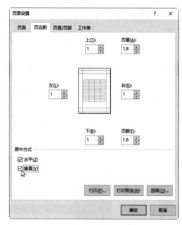

图 11-6　　　　　　　　　　　　　　　　　　　　　　图 11-7

11.1.3　插入或删除分页符

如果工作表中包含的内容很多且超过一页时，Excel 会自动将多出的内容放到下一页进行打印，并使用虚线来表示分页标记，这种虚线标记被称为"分页符"。默认情况下看不到分页符，要显示分页符，可以单击状态栏中的"页面布局"按钮，然后再单击"普通"按钮。

有时可能需要强制分隔页面来打印某些数据，这时就需要手动设置分页符。根据分页后的结果，可以将分页符分为 3 种，即水平分页符、垂直分页符和交叉分页符。

如果需要创建水平分页符，也就是以"行"为基准将工作表分为上、下两页，那么就需要将插入点光标定位到 A 列中的某一行，例如 A 列第 12 行，然后执行以下操作。

01 切换到"页面布局"选项卡，单击"页面设置"选项组中的"分隔符"按钮。

02 在弹出的菜单中选择"插入分页符"命令，即可按行分页，如图 11-8 所示。

图 11-8

插入垂直分页符的方法与插入水平分页符类似，关键是要将插入点光标定位到第一行中，根据希望分页的位置再定位到第一行中的某一列，例如 E1 单元格，再执行以下操作。

01 切换到"页面布局"选项卡，单击"页面设置"选项组中的"分隔符"按钮。

02 在弹出的菜单中选择"插入分页符"命令，即可在插入点光标的左侧插入垂直分页符，如图 11-9 所示。

图 11-9

03 在图 11-9 中，已经显示了水平和垂直分页符，但是由于 Excel 默认显示了网格线，所以导致分页符不易被识别。要隐藏网格线，可以清除"页面布局"选项卡"工作表选项"选项组中的"网格线"分类中的"查看"复选框，如图 11-10 所示。

图 11-10

04 如果插入点光标所在位置既不属于第一行，也不属于第一列，例如 F 列第 13 行，那么在插入分页符时将同时插入水平和垂直分页符，如图 11-11 所示。

根据分页符类型的不同，在删除分页符时需要注意将插入点光标置于正确的位置，否则无法删除分页符，各位置如下。

- 删除水平分页符：将插入点光标置于水平分页符下面的行中。
- 删除垂直分页符：将插入点光标置于垂直分页符右侧的列中。
- 删除交叉分页符：将插入点光标置于交叉分页符交点的右下角单元格中。

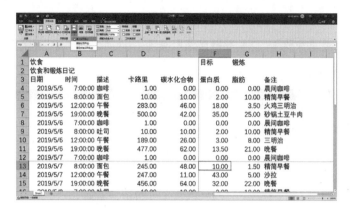

图 11-11

当需要删除分页符时，可以按以下步骤操作。

01 根据分页符类型，将插入点光标置于正确位置后，切换到"页面布局"选项卡，再单击"页面设置"选项组中的"分隔符"按钮。

02 在弹出的菜单中选择"删除分页符"命令，即可删除指定的分页符。

要一次性删除所有分页符，可以按以下步骤操作。

01 切换到"页面布局"选项卡，单击"页面设置"选项组中的"分隔符"按钮。

02 在弹出的菜单中选择"重设所有分页符"命令，即可将当前工作表中的所有分页符删除。

11.1.4　指定纸张的大小

Excel 工作表的默认纸张大小为 A4，可以根据实际情况进行调整，操作步骤如下。

01 切换到"页面布局"选项卡，单击"页面设置"选项组中的"纸张大小"按钮。

02 在弹出的菜单中选择所需的纸张，如图 11-12 所示。如果之前在工作表中并未显示出分页符的虚线标记，那么在改变纸张大小后，它将会显示出来。

图 11-12

11.1.5　设置纸张方向

所谓"纸张方向"，就是指要将工作表内容在纸张上纵向打印还是横向打印，其设置方法如下。

01 切换到"页面布局"选项卡，单击"页面设置"选项组中的"纸张方向"按钮。

02 在弹出的菜单中选择"横向"或"纵向"命令，如图 11-13 所示。

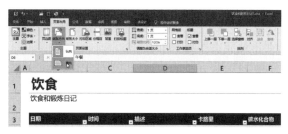

图 11-13

11.1.6　设置打印比例

如果工作表中的页数很多，用户希望在有限的纸张数量的情况下打印工作表中的所有内容，那么可能就需要缩小打印比例，以便在一张纸上可以打印出更多的内容。

设置打印比例的操作步骤如下。

01 打开需要打印的文件，切换到"页面布局"选项卡。

02 在"调整为合适大小"选项组中设置打印时的缩放比例，如图 11-14 所示。

图 11-14

11.1.7　选择打印区域

如果不希望打印整个工作表，而只需要打印其中某个区域的数据，可以使用"打印区域"这项功能，让 Excel 只打印由用户指定的部分。

创建打印区域的通用步骤如下。

01 打开需要打印的文件，拖动鼠标选择要打印的区域。

02 切换到"页面布局"选项卡下，单击"页面设置"选项组中的"打印区域"按钮。

03 在弹出的菜单中选择"设置打印区域"命令。

这样，在所选区域四周将自动添加边框线，Excel 将只打印该边框线包围的内容。在编辑栏左侧的名称框中可以看到选定区域已经具有"Print_Area"名称。如果还有其他需要打印的内容，则可以继续选择这些区域，然后执行以下操作。

01 切换到"页面布局"选项卡下，单击"页面设置"选项组中的"打印区域"按钮。

02 在弹出的菜单中选择"添加到打印区域"命令，这样就可以将新选择的区域添加到打印区域中。

按照同样的方式，可以将多个不连续的区域设置为待打印的内容。

11.1.8　打印行和列的标题

如果要打印的表格的第一行包含各列的标题，而且工作表不止一页，那么在默认情况下打印时会出现一个问题，即除了第一页以外，其他页的顶部不会打印工作表第一页顶部的标题行，这很容易让人对除第一页以外的其他打印内容感到迷惑，因为缺乏标题的数据看起来是非常不直观的。

要打印行和列的标题时，可按以下步骤操作。

01 切换到"页面布局"选项卡下，单击"页面设置"选项组中的"打印标题"按钮。

02 在打开的"页面设置"对话框中，单击切换到"工作表"选项卡。通过单击"顶端标题行"文本框右侧的按钮，即可选择工作表中包含标题的行。当然，如果标题位于列方向上，也可以在"左端标题列"中设置列标题的位置。

除设置打印标题外，在"工作表"选项卡中还包括其他辅助性设置。例如，可以通过选中"网格线"复选框来指定在打印时将网格线打印到纸张上；如果需要查看数据的顺序位置，可以选中"行和列标题"复选框，这样将打印每行数据的行号和列标，打印出的效果就像在Excel中显示的行号列标一样；通过选择"错误单元格打印为"下拉列表中的内容，可以控制出现错误的单元格中的内容以什么方式来显示（通常情况下不希望显示错误标志，可以将其设置为"空白"）。

11.2　打印输出工作表

完成上述页面设置后，基本上就可以将工作表打印输出了。有时为了保险起见，可以在打印前使用打印预览功能检查工作表的打印外观，以便发现问题并及时进行调整，操作步骤如下。

01 单击"文件"按钮，在弹出的菜单中选择"打印"命令，展开"打印"面板。

02 设置打印机、打印范围、打印页数、打印方向、纸张大小和页边距等选项。

03 预览打印的结果，确认无误后单击"打印"面板中的"打印"按钮，将工作表打印输出。

下篇

实战技巧

第 12 章　Word/Excel 操作技巧

本章详细介绍了 27 个 Word/Excel 在实际应用中的操作技巧，读者通过这部分内容的学习可以更加熟悉 Word/Excel 的实操应用。

技巧 1：在 Word 文档中插入超宽表格

学校的用户在制订教学计划文档时，经常会遇到需要在特定页面插入超宽表格的情况。由于文档的纸张方向通常都是纵向的，因此直接在纵向纸张方向的文档中插入超宽表格会导致表格显示不全的问题，此时可以通过改变纸张方向的方法来解决这一问题。下面我们就以在一个有 5 页空白页面的 Word 文档的第 3 页插入超宽表格为例介绍具体设置方法。

01 新建一个空白 Word 文档，先按住 Ctrl 键不放，然后再按 Enter 键 4 次，得到一个 5 页的 Word 文档，如图 12-1 所示。

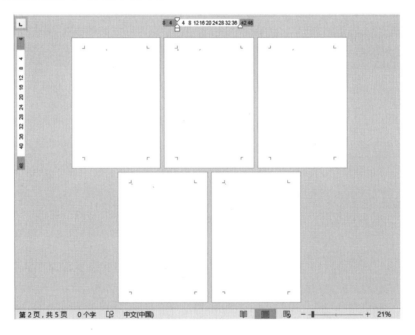

图 12-1

02 在 5 页的 Word 文档中，拖动文档窗口右边的滚动条定位到第 3 页，然后将插入点光标置于第 3 页首行的起始处。单击"布局"选项卡下"页面设置"选项组右下角的对话框启动器，打开"页面设置"对话框，然后在对话框的"纸张方向"选项区域中单击"横向"按钮，再单击下方"应用于"选项右边的下拉按钮，在展开的下拉列表中选择"插入点之后"选项，最后单击"确定"按钮，如图 12-2 所示。

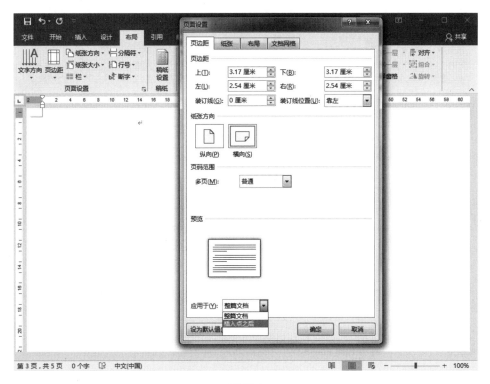

图 12-2

03 经过上一步骤的操作，从第 3 页开始后面页面的纸张方向都变成了横向，如图 12-3 所示。

图 12-3

04 在第 3 页插入超宽表格，如图 12-4 和图 12-5 所示。

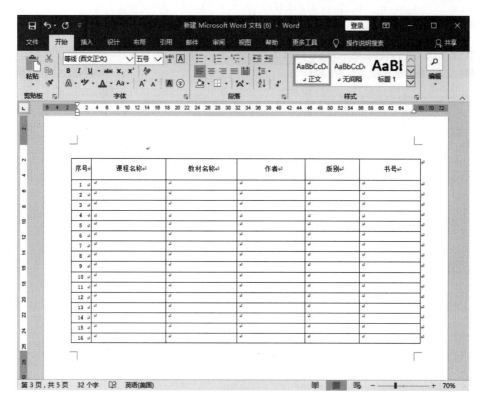

图 12-4

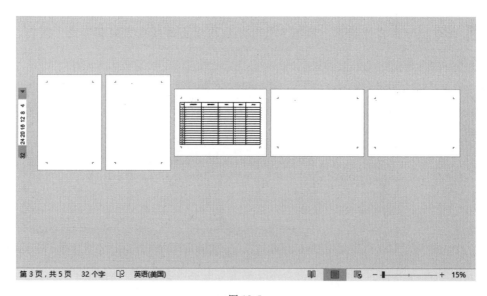

图 12-5

05 在第 3 页插入超宽表格后，将后面的第 4 页、第 5 页的纸张方向恢复为默认的纵向状态。拖动滚动条定位到第 4 页，然后将插入点光标置于第 4 页首行的起始处，再在"布局"选项卡中单击"页面设置"选项组右下角的对话框启动器，打开"页面设置"对话框。

在"页面设置"对话框的"纸张方向"选项区域中单击"纵向"按钮，然后单击下方"应用于"选项右边的下拉按钮，在展开的下拉列表中选择"插入点之后"选项，最后单击"确定"按钮，如图 12-6 所示。

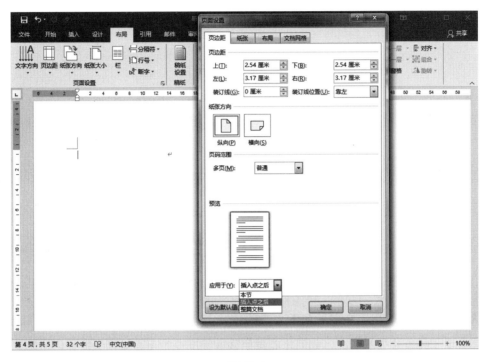

图 12-6

06 经过上一步操作后，第 4 页、第 5 页的页面方向都恢复到默认的纵向状态，如图 12-7 所示，这样就完成了整个操作。

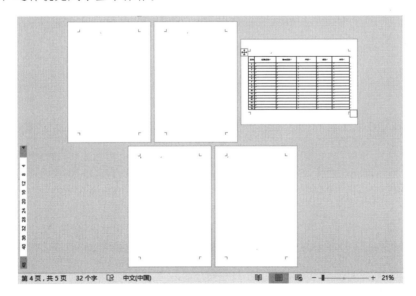

图 12-7

技巧 2：在下画线上输入文字时不断线

Word 文档中经常会遇到在下画线上输入文字后下画线缺失的情况，如图 12-8 所示。

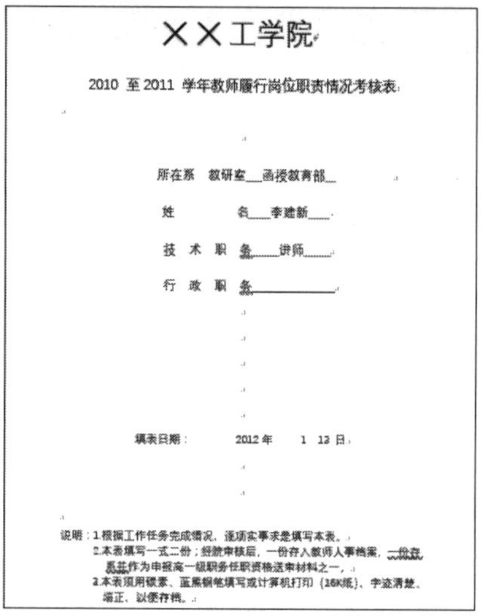

××工学院

2010 至 2011 学年教师履行岗位职责情况考核表

所在系 教研室___函授教育部___

姓　名___李建新___

技　术　职　务___讲师___

行　政　职　务_____

填表日期：　2012 年　1　12 日。

说明：1 根据工作任务完成情况，逐项实事求是填写本表。
　　　2 本表填写一式二份；经教审核后，一份存人教师人事档案，一份登
　　　　录备案作为申报高一级职务任职资格送审材料之一。
　　　3 本表须用楷体、蓝黑钢笔填写或用计算机打印（16K纸）、字迹清楚、
　　　　端正，以便存档。

图 12-8

从图 12-8 可以看出，在"所在系　教研室""姓名""技术职务"3 项右侧的下画线处都出现了线条缺失的情况，如何才能避免这种状况呢？下面就为大家仔细讲解。

01 启动 Word，打开教师履行岗位职责情况考核表，我们以处理"姓名"项右侧下画线的缺失为例进行讲解，其他项的处理方法与之相同。按住鼠标左键拖动选中"姓名"右侧填写的文字及下画线部分，如图 12-9 所示。

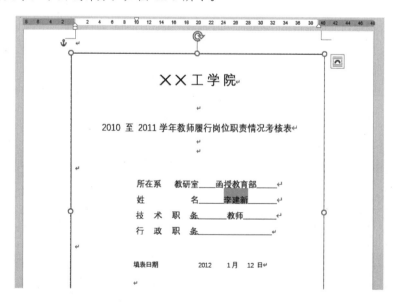

图 12-9

02 按 Delete 键将所填姓名及下画线删除，此时前面"姓名"二字会发生位置改变，经过调整将其还原到原来位置，如图 12-10 所示。

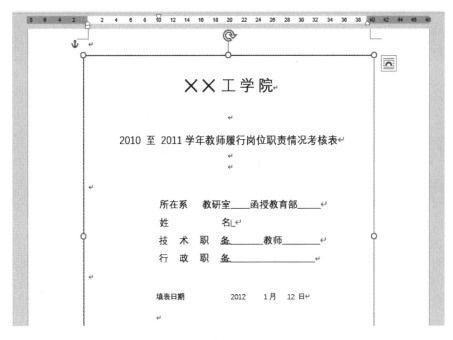

图 12-10

03 在"姓名"二字后面单击鼠标，然后不断按空格键，使所空部分与原来下画线的长度一致，再拖曳鼠标选中空格部分，即图 12-11 中的灰色部分。

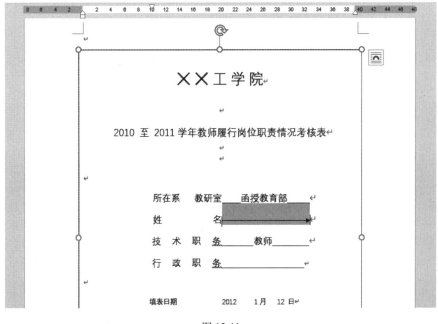

图 12-11

04 在“开始”选项卡中单击“下划线”按钮后，上一步灰色部分下方出现下画线，如图 12-12 所示。

××工学院
2010 至 2011 学年教师履行岗位职责情况考核表
所在系　教研室　函授教育部
姓　　名
技　术　职　务　教师
行　政　职　务

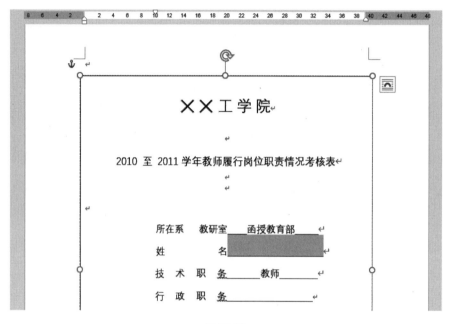

图 12-12

05 在上一步添加的下画线上单击，会发现单击处右侧的下画线消失了，这时只要执行一次撤销操作即可恢复正常，就可以填写姓名了。填写姓名后再适当调整长出的下画线部分，就完成了姓名的填写，按此操作把其他项也填写完成，如图 12-13 所示。用上述方法填写的内容不会出现下画线缺失的情况。

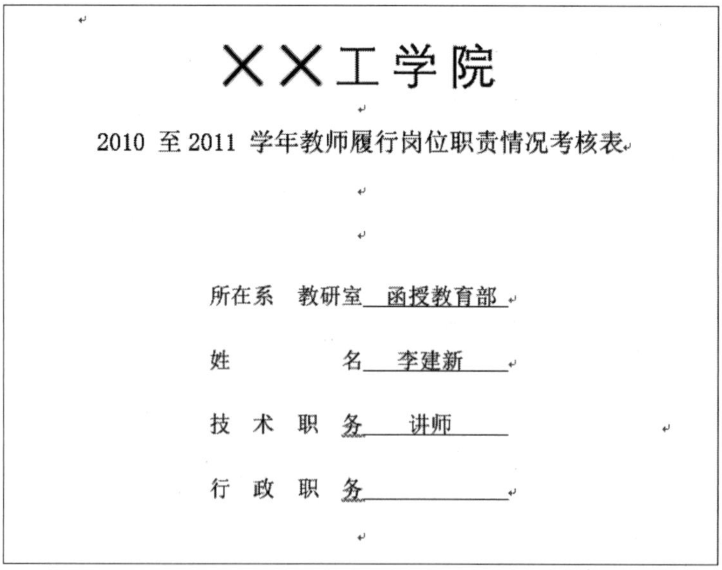

××工学院
2010 至 2011 学年教师履行岗位职责情况考核表
所在系　教研室　函授教育部
姓　　名　李建新
技　术　职　务　讲师
行　政　职　务

图 12-13

技巧 3：制作小的寄信收件人地址块

为什么要制作小的寄信收件人地址块？那是因为直接用打印机在信封上将收件人地址信息打印出来虽然非常高效，但信封的质地一般较为厚硬、粗糙，对打印机的损害也是非常大的。

那么如何制作小的寄信收件人地址块呢？只需在 Word 中将收件人地址信息做成表格形式，并使每个单元格有一个收件人的地址信息即可。这样制作也方便打印后裁剪。将裁剪下来的收件人地址块粘贴在信封地址栏处，就可避免因直接在信封表面打印而损坏打印机。图 12-14 所示的是制作好的寄信收件人地址块。

353200↵ 福建省顺昌县实验小学↵ 翁某某　教师　收↵ ↵	361000↵ 厦门枋湖工业小区↵ 吴某某　教师　收↵	363900↵ 福建漳州市芗城区漳州立 人学校小学部↵ 张某某　教师　收↵
361000↵ 厦门市同安区新民中心小 学↵ 吕某某　教师　收↵ ↵	363900↵ 长泰县实验小学↵ 杨某某　教师　收↵	366300↵ 福建省长泰县童坊镇长坝 小学↵ 曹某某　教师　收↵
363900↵ 漳州市长泰县陈巷中心小 学↵ 杨某某　教师　收↵ ↵	365001↵ 福建省三明市三元区富岗↵ 陈某某　教师　收↵	366300↵ 长汀县↵ 赖某某　教师　收↵

图 12-14

下面介绍制作寄信收件人地址块的具体操作步骤。

01 启动 Word，新建一个空白文档，在"邮件"选项卡中单击"开始邮件合并"按钮，然后在弹出的下拉列表中选择"邮件合并分步向导"选项，如图 12-15 所示。

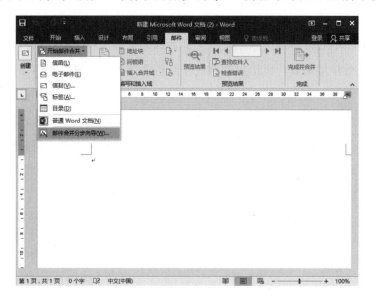

图 12-15

02 在文档窗口右侧会出现"邮件合并"任务窗格，如图 12-16 所示。

图 12-16

03 在"邮件合并"任务窗格中选择"标签"单选按钮，然后单击"下一步：开始文档"链接，如图 12-17 所示。

04 在"邮件合并"任务窗格的下一步界面中单击"下一步：选择收件人"链接，如图 12-18 所示。

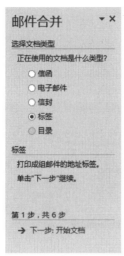

图 12-17

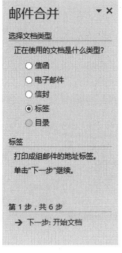

图 12-18

05 单击"下一步：选择收件人"链接后，弹出"标签选项"对话框，如图 12-19 所示。

06 打开"标签选项"对话框后，在"标签信息"选项区域的"标签供应商"下拉列表中选择"其他/自定义"选项，然后在"产品编号"列表框中选择"A4（纵向）"选项，最后单击"新建标签"按钮，如图 12-20 所示。

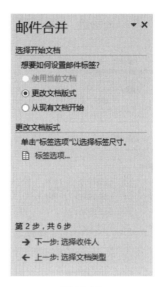

图 12-19　　　　　　　　　　　　　图 12-20

07 在弹出的"标签详情"对话框中，按图 12-21 所示调整各个输入项的参数值（此处各参数值均为笔者多年经验总结所得），然后单击"确定"按钮。需要注意的是，在填写各个输入项前，必须首先填写"标签列数"项，否则其他项将无法填写。

08 返回"标签选项"对话框后，单击"确定"按钮，如图 12-22 所示。

09 此时文档窗口中出现了不带边框的表格，并且在表格的左上角显示了一个田图标。将鼠标指针移至该图标上，待鼠标指针上出现四向箭头时单击，此时表格中出现灰色条块，代表表格被选中，如图 12-23 所示（由于表格太长，这里只显示部分内容）。

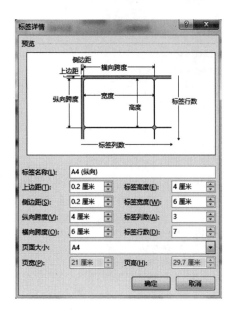

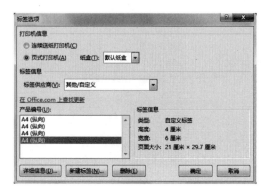

图 12-21   图 12-22

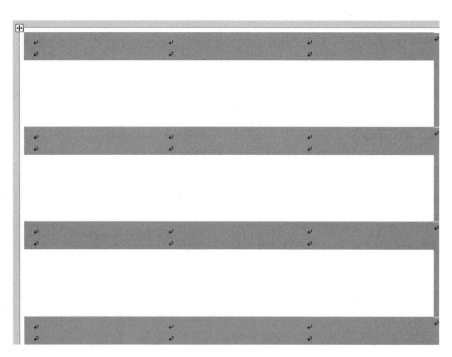

图 12-23

10 选中表格后，单击鼠标右键，在弹出的快捷菜单中选择"表格属性"命令，如图 12-24 所示。

11 此时会弹出"表格属性"对话框，单击对话框下方的"边框和底纹"按钮，如图 12-25 所示。

图 12-24   图 12-25

12 打开"边框和底纹"对话框后，单击"颜色"下拉按钮展开颜色选项列表，选择第 3 行第 1 列的浅灰色色块，如图 12-26 所示，使表格边框不那么明显。

13 单击"宽度"下拉按钮，在打开的线条宽度选项列表中选择"0.5 磅"，如图 12-27 所示。

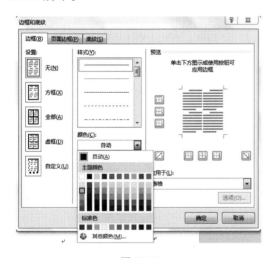

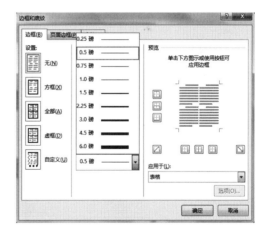

图 12-26   图 12-27

14 在对话框右侧的"预览"选项区域中，分别单击添加表格内、外边框的 6 个方块按钮，然后单击"确定"按钮，如图 12-28 所示。

15 返回"表格属性"对话框后，单击"确定"按钮，应用前面步骤设置的表格边框，就得到了一个浅灰色边框的表格，如图 12-29 所示（由于表格太长，这里只显示部分内容）。

16 选中表格后，单击鼠标右键，在弹出的快捷菜单中选择"表格属性"命令，如图

12-30 所示。

17 在打开的"表格属性"对话框中，设置"对齐方式"为"居中"，然后单击"确定"按钮，如图 12-31 所示。

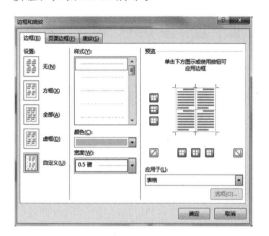

图 12-28

图 12-29

图 12-30

图 12-31

18 经过上面的设置，就得到了一个浅灰色边框、居中对齐的 3 列 7 行的表格。

19 在进行下一步操作之前，先处理一下作为数据源的表格。处理前的源表格如图 12-32 所示，可以看到，工作表最上面有标题行，最下面有多个其他工作表可供切换。

20 处理作为数据源的表格。先将标题行去掉，然后只留下有地址信息的工作表作为数据源，其他工作表全部删除。这样做的目的是避免数据出错。处理好的数据源表格如图 12-33 所示，将其置于计算机操作系统的桌面上，以方便后面查找。

图 12-32

图 12-33

21 返回 Word 文档，单击"邮件合并"任务窗格中的"下一步：编排标签"链接，弹出"选取数据源"对话框，找到并选中上一步保存在计算机操作系统桌面上的数据源表格，然后单击"打开"按钮，如图 12-34 所示。

22 此时会弹出"选择表格"对话框，直接单击"确定"按钮，如图 12-35 所示。

图 12-34   图 12-35

23 弹出"邮件合并收件人"对话框后,单击"确定"按钮,如图 12-36 所示。

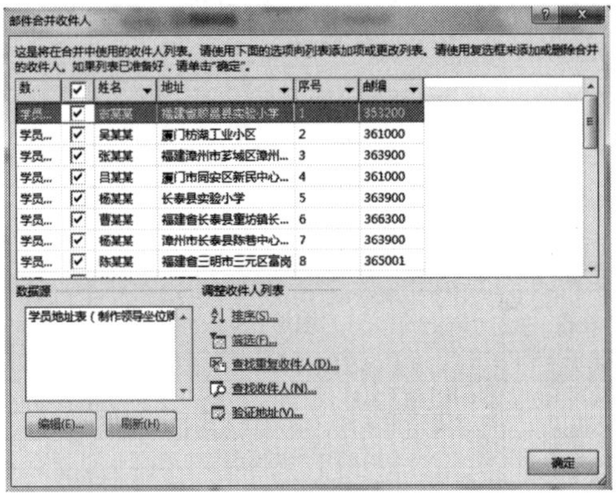

图 12-36

24 经过上一步操作后,表格中除第 1 行第 1 列单元格外,其余每个单元格内都出现了"《下一记录》"字样,如图 12-37 所示(由于表格太长,这里只显示部分内容)。

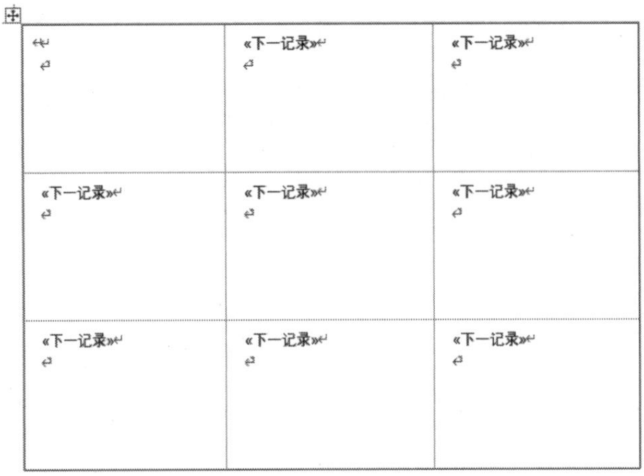

⏚		
↵ ↵	《下一记录》↵ ↵	《下一记录》↵ ↵
《下一记录》↵ ↵	《下一记录》↵ ↵	《下一记录》↵ ↵
《下一记录》↵ ↵	《下一记录》↵ ↵	《下一记录》↵ ↵

图 12-37

25 在"邮件合并"任务窗格的下方单击"下一步：编排标签"链接，如图 12-38 所示。

26 在表格的第 1 行第 1 列单元格内单击，出现闪烁的插入点光标后，在"邮件"选项卡中单击"插入合并域"下拉按钮，然后在展开的下拉列表中选择"邮编"选项，就会在这个单元格的第 1 行出现"《邮编》"字样。用同样的方法选择"地址"选项，在这个单元格的第 2 行插入"《地址》"字样；按 Enter 键切换到第 3 行，选择"姓名"选项，在这个单元格的第 3 行插入"《姓名》"字样，空两格后输入称呼"老师"，接着空一格后输入"收"字，如图 12-39 所示。

27 对表格的第 1 行第 1 列单元格内的收件人信息进行排版。同时选中"《邮编》""《姓名》"字样，单击"开始"选项卡中的"居中"按钮 使其居中对齐，再将第 2 行的"《地址》"字样设置成左对齐。根据笔者的经验，"《邮编》"字样的字号一般设置为"一号"（将邮编设置为较大字号，是为了方便邮局的机器分拣），其他行字样的字号一般设置为"四号"。切换到"邮件"选项卡，单击"预览结果"按钮，可以看到表格左上角首个单元格内显示了具体的邮编、地址、姓名内容，如图 12-40 所示。对这些内容再进行多次调整直到满意为止，此时的效果就是贴在信封上时的模样。

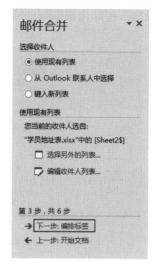

图 12-38

图 12-39

353200↵
福建省顺昌县实验小学↵
翁某某　老师 收↵

图 12-40

28 将收件人信息排好版后，在"邮件合并"任务窗格的下面单击"更新所有标签"按钮，此时可以看到整张表格的其他单元格中都自动显示了邮编、地址、姓名的具体内容，如图 12-41 所示（因表格太长，只显示了部分内容）。这样就完成了寄信收件人地址块的制作。

完成了寄信收件人地址块的制作后，再来谈谈邮件合并打印的性能。本例使用的数据源表格内共有 24 条地址信息，但按照上述步骤制作出来的地址块表格里面只有 21 个寄信收件人地址。那其他地址怎么没有显示出来呢？而且假如我们要寄的信非常多，只显示 21 个地址可远远不够用。其实其他地址只是隐藏了起来，只需在打印时选择将所有的地址全部打印出来即可。

353200↵ 福建省顺昌县实验小学 翁某某　老师　收	361000↵ 厦门枋湖工业小区 吴某某　老师　收	363900↵ 福建漳州市芗城区漳州 立人学校小学部 张某某　老师　收
361000↵ 厦门市同安区新民中心 小学 吕某某　老师　收	363900↵ 长泰县实验小学 杨某某　老师　收	366300↵ 福建省长泰县童坊镇长 坝小学 曹某某　老师　收
363900↵ 漳州市长泰县陈巷中心 小学 杨某某　老师　收	365001↵ 福建省三明市三元区富 岗 陈某某　老师　收	366300↵ 长汀县↵ 赖某某　老师　收
363213↵ 福建省漳浦县旧镇镇活 江村后埔边 87 号 林某某　老师　收	351253↵ 仙游县郊尾中心小学 王某某　老师　收	351253↵ 仙游县郊尾中心小学 李某某　老师　收
351162↵ 莆田市城厢区东海镇东 海中心小学 蔡某某　老师　收	362200↵ 晋江市心养小学 李某某　老师　收	366200↵ 连城县石门湖村 2 幢 17 号 李某某　老师　收

图 12-41

打印寄信收件人地址块有以下两种方法。

方法一：

01 单击"完成并合并"按钮，在下拉列表中选择"编辑单个文档"选项，如图 12-42 所示。

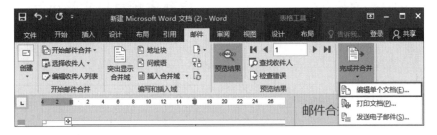

图 12-42

02 弹出"合并到新文档"对话框后，选择"全部"单选按钮，然后单击"确定"按钮，如图 12-43 所示。此时，文档中的表格会显示所有寄信收件人的地址信息，单击"打印"按钮后，即可将所有地址块表格中的收件人信息打印出来。

图 12-43

方法二：

01 单击"完成并合并"按钮，在下拉列表中选择"打印文档"选项，如图 12-44 所示。

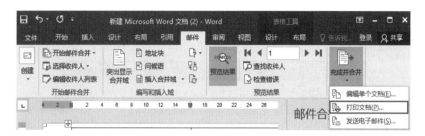

图 12-44

02 选择"打印文档"选项后，会弹出"合并到打印机"对话框，选择"全部"单选按钮，然后单击"确定"按钮，如图 12-45 所示，即可将所有地址块表格中的收件人信息打印出来。

图 12-45

> **提示：** 上述两种打印方法中，第 2 种打印方法可以有选择性地打印，不仅可以将寄信收件人地址块表格中的收件人信息一次性全部打印出来，还可以选择只打印部分收件人信息。

技巧 4：快速制作嘉宾座位牌

图 12-46 所示的就是一种嘉宾座位牌，本技巧将带领大家学习座位牌的制作方法。

图 12-46

最常见的制作嘉宾座位牌的方法是使用 Word 里的艺术字功能，下面就来讲解具体操作步骤。

01 新建一个 Word 文档，在"插入"选项卡的"文本"选项组中单击"艺术字"按钮，在展开的下拉列表中选择左上角的第一个选项，如图 12-47 所示。

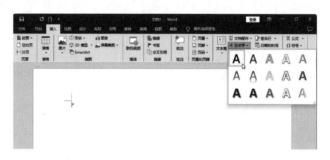

图 12-47

02 此时在文档窗口中会出现一个文本框，其中显示"请在此放置您的文字"字样，如图 12-48 所示。

图 12-48

03 输入要出现在嘉宾座位牌上的嘉宾的姓名，如"李某某"，然后调整文本框和姓名文字的大小，使其与嘉宾座位牌专用的塑料架相匹配。选中输入的姓名，然后在"字号"文本框中输入 120 并按 Enter 键，姓名文字自动变大，如图 12-49 所示。

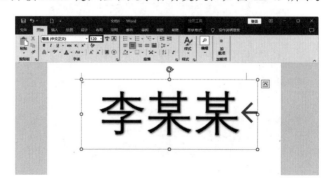

图 12-49

04 将鼠标指针移动到文本框任意控制手柄上并右击,然后在弹出的快捷菜单中选择"其他布局选项"命令,如图 12-50 所示。

图 12-50

05 此时会弹出"布局"对话框,切换到"文字环绕"选项卡,单击"浮于文字上方"按钮,如图 12-51 所示。

06 接着切换到"位置"选项卡,在"对齐方式"下拉列表中选择"居中"选项,然后单击"确定"按钮,如图 12-52 所示。

图 12-51

图 12-52

07 经过以上操作后,嘉宾的姓名文字在文本框中处于居中的位置,如图 12-53 所示。

08 单击选中文本框,按住 Ctrl 键,将鼠标指针移动到文本框的边框线上,当鼠标指针变为图标时,垂直向下拖曳复制出一个文本框,然后单击边框线以外的任意位置隐藏文本框的边框线,效果如图 12-54 所示。

09 单击原文本框,显示文本框的边框线和控制手柄,如图 12-55 所示。

10 拖曳文本框上方中间位置的旋转控制手柄,将原文本框旋转 180°,如图 12-56

所示。接着通过左右对齐和上下调整，打印后再经过适当的裁剪并装到嘉宾座位牌塑料架里，这样嘉宾座位牌就制作好了。

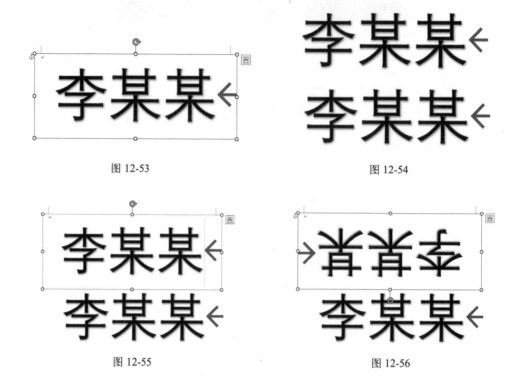

图 12-53   图 12-54

图 12-55   图 12-56

上面介绍了用艺术字功能制作嘉宾座位牌的方法，这种方法虽然可以完成嘉宾座位牌的制作，但不足之处也很明显：要一个一个地输入嘉宾的姓名，而且每个姓名要处理两次，效率非常低。下面介绍一种高效、快速制作嘉宾座位牌的方法。

01 新建一个空白文档，单击"邮件"选项卡中的"开始邮件合并"按钮，在下拉列表中选择"邮件合并分步向导"选项，如图 12-57 所示。

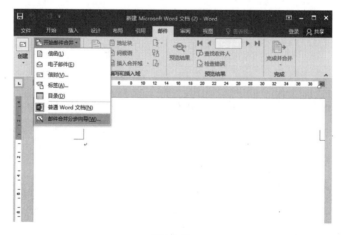

图 12-57

02 此时在文档窗口右侧出现"邮件合并"任务窗格，将文档类型设置为"标签"，然后单击"下一步：开始文档"链接，如图 12-58 所示。

图 12-58

03 进入"邮件合并"任务窗格的"选择开始文档"界面后，单击"下一步：选择收件人"链接，如图 12-59 所示。

04 此时弹出"标签选项"对话框，在对话框的"纸盒"下拉列表中选择"默认纸盒"选项，在"标签供应商"下拉列表中选择"Microsoft"选项，然后在"产品编号"列表框中选择"A4（纵向）"选项，最后单击"新建标签"按钮，如图 12-60 所示。

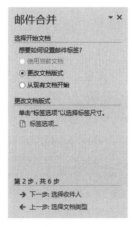

图 12-59

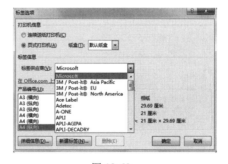

图 12-60

05 在打开的"标签详情"对话框中，按图 12-61 所示调整各个输入项的参数值（此处各参数值均为笔者多年经验总结所得），然后单击"确定"按钮。

> **提示:**填写各参数值前，必须先输入"标签列数"项的参数值，否则其他项参数值将无法输入。

06 返回"标签选项"对话框后单击"确定"按钮，如图12-62所示。

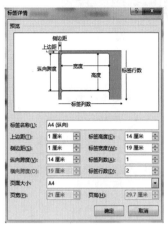

图 12-61　　　　　　　　　　　图 12-62

07 返回文档窗口后，可以看到出现了一个不带边框的表格。在表格的左上角可以看到一个⊞图标，将鼠标指针置于该图标上，待鼠标指针上出现四向箭头时单击，这时表格被选中，如图12-63所示。

图 12-63

08 选中表格后，单击鼠标右键，在弹出的快捷菜单中选择"表格属性"命令，如图12-64所示。

09 在弹出的"表格属性"对话框中单击"边框和底纹"按钮，如图12-65所示。

图 12-64　　　　　　　　　　　图 12-65

10 打开"边框和底纹"对话框后，单击"颜色"下拉按钮，在颜色选项列表中选择第 3 行第 1 列的浅灰色色块，如图 12-66 所示，使表格边框不那么明显。

11 单击"宽度"下拉按钮，在线条宽度选项列表中选择"0.5 磅"选项，如图 12-67 所示。

图 12-66

图 12-67

12 在对话框右侧的"预览"选项区域中，分别单击添加表格内、外边框的 5 个方块按钮，然后单击"确定"按钮，如图 12-68 所示。

13 返回"表格属性"对话框后，单击"对齐方式"选项区域中的"居中"按钮，然后单击"确定"按钮，如图 12-69 所示。

图 12-68

图 12-69

14 返回文档窗口后，可以看到前面步骤 7 中创建的表格已经应用了浅灰色边框，如图 12-70 所示。

图 12-70

15 单击表格中最上面的换行符，可以看到闪动的插入点光标，如图 12-71 所示。此时按 Enter 键，整个表格会向下移动一行，而不是在表格内换行，如图 12-72 所示。

图 12-71

图 12-72

16 在表格第 1 行的换行符处单击，确定插入点光标的位置，如图 12-73 所示。

图 12-73

17 切换到"表格工具-布局"选项卡，在"对齐方式"选项组中单击"水平居中"按钮，如图 12-74 所示。

图 12-74

18 此时插入点光标位于第 1 行单元格内的中间位置，如图 12-75 所示。

图 12-75

19 切换到"插入"选项卡，单击"表格"按钮，然后根据所需创建的表格的行、列数在弹出的网格上移动鼠标指针，如图 12-76 所示，在大表格的第 1 行单元格中间位置插入一个 1 行 2 列的小表格。

图 12-76

20 这时我们看到，插入大表格里的小表格在水平方向上没有居中对齐，下面将它居中对齐。在小表格里的任意位置单击，然后单击小表格左上角的 ⊞ 图标，选中表格，如图 12-77 所示。

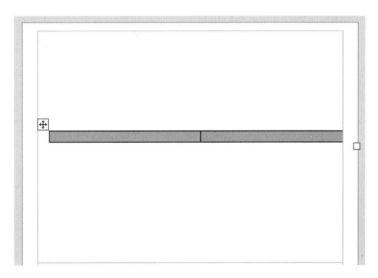

图 12-77

21 选中小表格后，单击鼠标右键，在弹出的快捷菜单中选择"表格属性"命令，如图 12-78 所示。

22 弹出"表格属性"对话框后，在"对齐方式"选项区域中单击"居中"按钮，然后单击"确定"按钮，如图 12-79 所示。

图 12-78　　　　　　　　　　　　　　图 12-79

23 此时小表格就在大表格内水平居中对齐了。在小表格内的任意位置单击，此时小表格的右下角会出现方形控制手柄□，将鼠标指针置于方形控制手柄□上，当鼠标指针变为↖时，按住鼠标左键拖动，将小表格调整到合适的大小，如图 12-80 所示。如果调整后出现内部小表格与外部大表格上端边线重合的现象，只需在小表格左边单元格首行的换行符处单击，然后按 Enter 键即可。

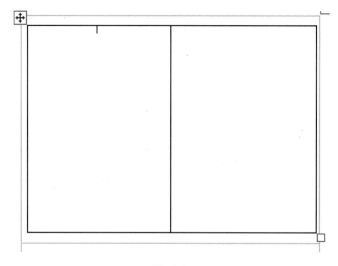

图 12-80

24 在进行下一步操作之前，需要对作为数据源的表格进行处理。在 Excel 中打开数据源表格，可以看到，表格最上面有标题行，并且该工作簿中有多个其他工作表，如图 12-81 所示。

25 现在对数据源表格进行处理：首先，将标题行去掉，只留下地址信息；其次，将无关的其他工作表全部删除。这样做的目的是避免数据出错。处理好的数据源表格如图 12-82 所示，我们将它保存在计算机操作系统的桌面上，以方便后面查找使用。

	A	B	C	D
1	**校长培训班学员地址名单**			
2	**序号**	**姓名**	**地址**	**邮编**
3	1	翁某某	福建省顺昌县实验小学	353200
4	2	吴某某	厦门枋湖工业小区	361000
5	3	张某某	福建漳州市芗城区漳州立人学校小学部	363900
6	4	吕某某	厦门市同安区新民中心小学	361000
7	5	杨某某	长泰县实验小学	363900
8	6	曹某某	福建省长泰县童坊镇长坝小学	366300
9	7	杨某某	漳州市长泰县陈巷中心小学	363900
10	8	陈某某	福建省三明市三元区富岗	365001
11	9	赖某某	长汀县	366300
12	10	林某某	福建省漳浦县旧镇镇浯江村后埔边87号	363213
13	11	王某某	仙游县郊尾中心小学	351253
14	12	李某某	仙游县郊尾中心小学	351253
15	13	蔡某某	莆田市城厢区东海镇东海中心小学	351162
16	14	李某某	晋江市心养小学	362200
17	15	李某某	连城县石门湖村2幢17号	366200
18	16	罗某某	福建省永安市燕西下渡小学	366000
19	17	郑某某	福建省长汀县腾飞小学	366300
20	18	涂某某	漳州市漳浦县佛潭中心幼儿园	363208
21	19	陈某某	福建省龙岩市新罗区登高东路88号刑侦支	364000
22	20	郭某某	莆田市仙游县城东中心小学	351200

Sheet2 | Sheet6 | Sheet7 | Sheet8

图 12-81

	A	B	C	D
1	**序号**	**姓名**	**地址**	**邮编**
2	1	翁某某	福建省顺昌县实验小学	353200
3	2	吴某某	厦门枋湖工业小区	361000
4	3	张某某	福建漳州市芗城区漳州立人学校小学部	363900
5	4	吕某某	厦门市同安区新民中心小学	361000
6	5	杨某某	长泰县实验小学	363900
7	6	曹某某	福建省长泰县童坊镇长坝小学	366300
8	7	杨某某	漳州市长泰县陈巷中心小学	363900
9	8	陈某某	福建省三明市三元区富岗	365001
10	9	赖某某	长汀县	366300
11	10	林某某	福建省漳浦县旧镇镇浯江村后埔边87号	363213
12	11	王某某	仙游县郊尾中心小学	351253
13	12	李某某	仙游县郊尾中心小学	351253
14	13	蔡某某	莆田市城厢区东海镇东海中心小学	351162
15	14	李某某	晋江市心养小学	362200
16	15	李某某	连城县石门湖村2幢17号	366200
17	16	罗某某	福建省永安市燕西下渡小学	366000
18	17	郑某某	福建省长汀县腾飞小学	366300
19	18	涂某某	漳州市漳浦县佛潭中心幼儿园	363208
20	19	陈某某	福建省龙岩市新罗区登高东路88号刑侦支	364000
21	20	郭某某	莆田市仙游县城东中心小学	351200
22	21	吴某某	福建省龙岩市长汀县宣成乡宣成中心校	366313
23	22	施某某	福建省晋江市龙湖镇阳溪中心小学	362241

Sheet2

图 12-82

26 返回 Word 文档，在“邮件合并”任务窗格中单击“下一步：编排标签”链接，如图 12-83 所示。

27 单击"下一步：编排标签"链接后，弹出"选取数据源"对话框，找到并选择之前保存的数据源表格，单击"打开"按钮，如图 12-84 所示。

图 12-83   图 12-84

28 弹出"选择表格"对话框，直接单击"确定"按钮，如图 12-85 所示。

图 12-85

29 这时会打开"邮件合并收件人"对话框，单击"确定"按钮，如图 12-86 所示。

图 12-86

30 此时，大表格下面的单元格中出现了"《下一记录》"字样，如图 12-87 所示。

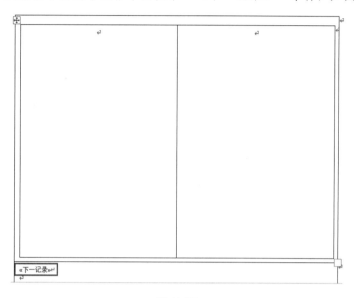

图 12-87

31 在"邮件合并"任务窗格的下方单击"下一步：编排标签"链接，如图 12-88 所示。

32 在"邮件合并"任务窗格的"编排标签"界面中单击"更新所有标签"按钮，如图 12-89 所示。

图 12-88

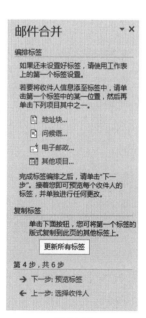

图 12-89

33 单击套在大表格中的小表格左边的单元格，切换到"表格工具 - 布局"选项卡，在"对齐方式"选项组里单击"水平居中"按钮，使插入点光标位于单元格中央位置，如

图 12-90 所示。

图 12-90

34 在插入点光标位置右击，弹出快捷菜单，在其中选择"文字方向"命令，如图 12-91 所示。

35 打开"文字方向 - 表格单元格"对话框，在"方向"选项区域单击按顺时针方向旋转 90°后的"文字 abc"按钮，再单击"确定"按钮，如图 12-92 所示。

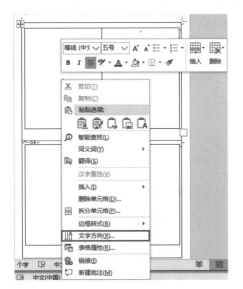

图 12-91   图 12-92

36 经过上面的操作后，小表格左侧单元格内的插入点光标的方向就顺时针旋转了 90°，如图 12-93 所示。

37 用同样的方法对小表格右侧单元格进行设置。在小表格右侧单元格内单击，切换到"表格工具 - 布局"选项卡，单击"对齐方式"选项组中的"水平居中"按钮，使插入点光标居中显示，如图 12-94 所示。

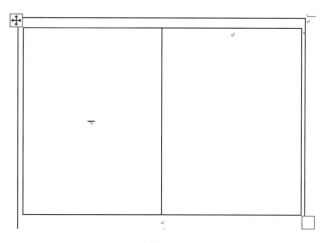

图 12-93

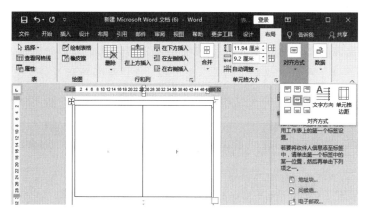

图 12-94

38 在插入点光标处右击，在弹出的快捷菜单中选择"文字方向"命令，如图 12-95 所示。

图 12-95

39 在打开的"文字方向 - 表格单元格"对话框中，单击"方向"选项区域中按逆时针方向旋转 90°后的"文字 abc"按钮，再单击"确定"按钮，如图 12-96 所示。

40 经过上面的操作后，小表格右侧单元格内的插入点光标的方向就逆时针旋转了 90°，如图 12-97 所示。

图 12-96

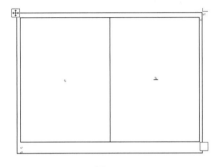

图 12-97

41 通过以上操作已经将小表格左右两个单元格内的文字方向全部设置好了。在小表格左侧单元格内单击，然后切换到"邮件"选项卡，在"编写和插入域"选项组中单击"插入合并域"下拉按钮，在展开的下拉列表中选择"姓名"选项，如图 12-98 所示。

图 12-98

42 此时，小表格左侧单元格内插入了顺时针旋转 90°后的"《姓名》"字样，如图 12-99 所示。

43 选中插入小表格里的"《姓名》"字样，然后切换到"开始"选项卡，在"字体"选项组的"字号"文本框中输入 110 并按 Enter 键，可以看到选中的"《姓名》"字样的字号变大，如图 12-100 所示。

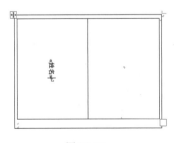

图 12-99

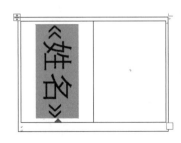

图 12-100

44 接着对小表格右侧单元格进行同样的设置。在小表格右侧单元格内单击，然后切换到"邮件"选项卡，在"编写和插入域"选项组中单击"插入合并域"下拉按钮，在展开的下拉列表中选择"姓名"选项，如图 12-101 所示。

图 12-101

45 此时，小表格右侧单元格内插入了逆时针旋转 90° 后的"《姓名》"字样，如图 12-102 所示。

46 选中插入小表格里的"《姓名》"字样，然后切换到"开始"选项卡，在"字体"选项组的"字号"文本框中输入 110 并按 Enter 键，可以看到选中的"《姓名》"字样的字号变大，如图 12-103 所示。

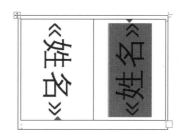

图 12-102   图 12-103

47 切换到"邮件"选项卡，单击"预览结果"选项组中的"预览结果"按钮，这时小表格左侧单元格、右侧单元格里的"《姓名》"字样变成了具体人名，如图 12-104 所示。

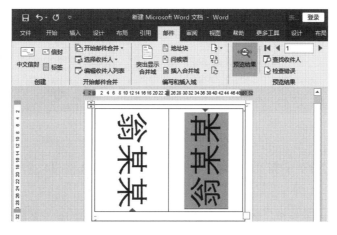

图 12-104

48 调整大表格及套在大表格里的小表格的大小，直到左、右两边的姓名能装入座位牌塑料架为止。接着在"邮件合并"任务窗格中单击"更新所有标签"按钮，这时大表格下方的单元格内也出现了具体人名，如图 12-105 所示。

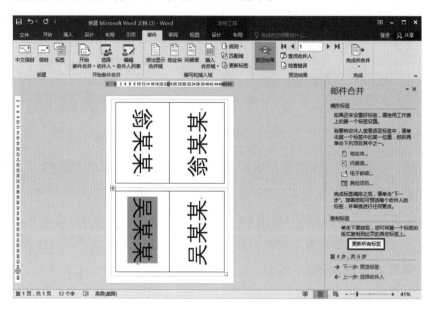

图 12-105

和技巧 3 中的例子一样，做到这一步，表格里面只有两个嘉宾座位牌姓名，其他座位牌姓名都被隐藏了。在实际打印时，可以通过一些设置，将所有的座位牌姓名打印出来，具体有两种打印方法。

方法一：

01 切换到"邮件"选项卡，单击"完成并合并"按钮，在展开的列表中选择"编辑单个文档"选项，如图 12-106 所示。

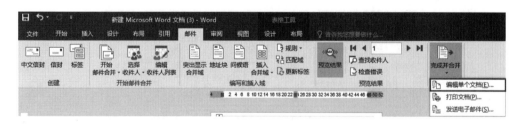

图 12-106

02 此时弹出"合并到新文档"对话框，选择"全部"单选按钮，然后单击"确定"按钮，如图 12-107 所示。

03 经过上一步操作后，将显示含有全部座位牌姓名的表格，可以在文档中拖动缩放滑块进行查看，如图 12-108 所示。此时打印文档的话，就可将全部座位牌姓名打印出来。

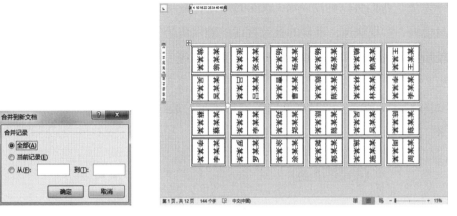

图 12-107　　　　　　　　　　　　　　　　图 12-108

方法二：

01 在"邮件"选项卡下单击"完成并合并"按钮，在展开的列表中选择"打印文档"选项，如图 12-109 所示。

图 12-109

02 经过上一步操作后，弹出"合并到打印机"对话框，选择"全部"单选按钮（默认已选中），然后单击"确定"按钮，如图 12-110 所示，同样会将所有的座位牌姓名打印出来。

图 12-110

技巧 5：用 Word 批量打印信封

现代社会中，人们彼此之间的交流早已不再局限于传统的写信方式，电子邮件、即时通讯、社交媒体等数字化通信手段已成为日常生活和工作的主流。然而，在商务交流中，尤其是发送邀请函，许多主办方仍然坚持采用信函的形式，以彰显庄重与正式。特别是在会议、庆典、展览等重要场合，纸质邀请函更能传达对受邀者的尊重与期待。届时主办方将面对大量信封封面的书写工作，如果完全依赖人工手写的方式，势必存在效率低下、字迹不一、易出错等问题，这在一定程度上不符合现代商务交流追求的高效性与严谨性。为解决这一矛盾，我们可以利用 Word 软件的邮件合并功能，自动将数据库中的收件人信息填入信封模板，实现快速、准确的批量打印，确保信函的一致性与专业感。

在使用 Word 批量打印信封前，首先要购买规格统一的信封，还需要制作一个打印模板。打印模板的制作要依据购买的信封的尺寸进行，这里我们选用的是市面上一款非常常见的信封（如图 12-111 所示）。对这款信封进行测量，最终测得其宽度为 24.5 厘米，高度为 12.1 厘米。

图 12-111

下面就开始详细介绍打印模板的制作方法及最终的打印方法。

01 启动 Word，新建一个空白文档，切换到"布局"选项卡，单击"页面设置"选项组右下角的对话框启动器，打开"页面设置"对话框，如图 12-112 所示。

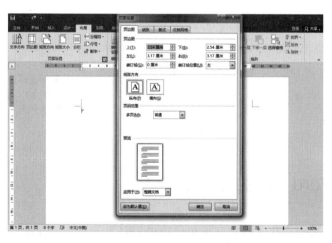

图 12-112

02 在"页面设置"对话框里单击"纸张"标签，进入"纸张"选项卡，可以看到"纸张大小"被默认设置为 A4 大小，单击 A4 右侧的下拉按钮，在下拉列表中选择"自定义大小"选项，如图 12-113 所示。

03 选择"自定义大小"选项后，在下面的"宽度"文本框中输入"24.5 厘米"，在"高度"文本框中输入"12.1 厘米"，然后单击对话框的"确定"按钮，如图 12-114 所示。

图 12-113　　　　　　　　　　　　　　图 12-114

04 经过上述设置后，Word 文档的尺寸就变得和作为打印模板的信封完全一样了，如图 12-115 所示。

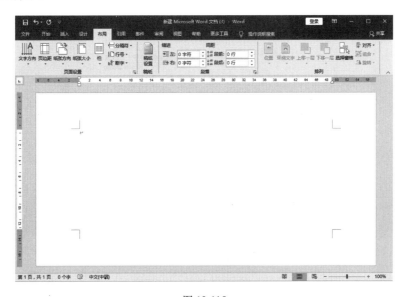

图 12-115

05 将文档尺寸调整到和信封模板一样后，就可以输入信封上的信息了。先照着图 12-111 所示信封上收件人的邮政编码、地址、单位、姓名，以及寄件人的地址和姓名、邮政编码的位置和信息大致绘制出 6 个文本框并输入相应的文字内容，如图 12-116 所示。

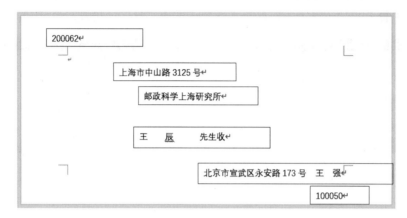

图 12-116

06 在邮政编码所在文本框内单击，然后按住鼠标左键拖动选中整个邮政编码，如图 12-117 所示。后面操作时，为了方便比照使用信封模板，可以将信封模板的图片插入在当前制作文档的最上方。

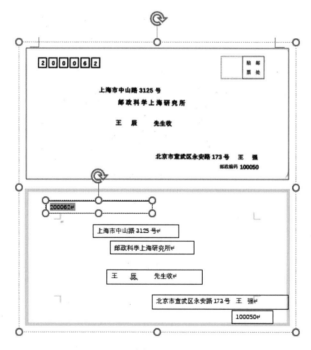

图 12-117

07 接着切换到"开始"选项卡，单击"字体"选项组右下角的对话框启动器，打开"字体"对话框，如图 12-118 所示。

08 现在对选中的邮政编码进行格式设置，尽量做到和模板信封中的邮政编码在字号、间距、字体等格式上基本相同。在"字体"对话框的"字符间距"选项区域内单击"间距"下拉按钮，在弹出的下拉列表中选择"加宽"选项（默认值是"标准"），再在后面的"磅值"文本框中输入 19.9（此数值根据笔者多次打印实验得出），如图 12-119 所示。

图 12-118

图 12-119

09 切换到"字体"对话框的"字体"选项卡，设置字体为"等线（中文正文）"、字号为"四号"、字形为"加粗"，然后单击"确定"按钮。再通过段落功能调整邮政编码上下位置，具体调整方法参见后面设置收件人地址时的相关步骤。至此，收件人邮政编码就设置好了，效果与模板信封上的收件人邮政编码看起来差不多，效果如图 12-120 所示。

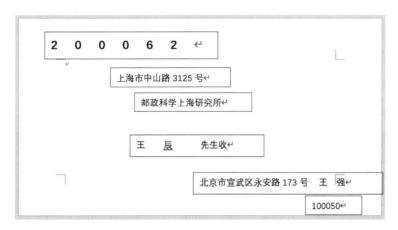
图 12-120

10 对收件人地址文字的字号、字体及字型进行设置。拖动选中收件人地址文字，设置字体为"等线（中文正文）"、字号为"四号"，单击"加粗"按钮，如图 12-121 所示。设置后效果如图 12-122 所示。

图 12-121

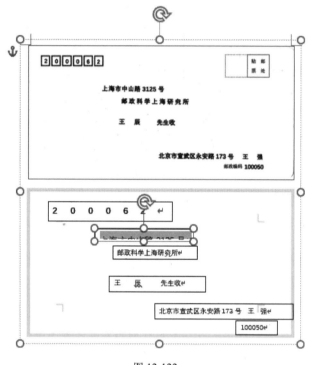

图 12-122

11 从图 12-122 中可以看出收件人地址文字出现下沉现象，这个问题可以通过调整段落行距来解决。保持选中收件人地址文字的状态，然后单击"段落"选项组右下角的对话框启动器，如图 12-123 所示。

图 12-123

12 弹出"段落"对话框后，在"缩进和间距"选项卡下"间距"选项区域的"行距"下拉列表中选择"固定值"选项，如图 12-124 所示。

13 选择"固定值"选项后，"设置值"文本框里出现了"12 磅"字样，如图 12-125 所示。

14 在"12 磅"字样右侧有一组微调按钮，反复单击向上的微调按钮，磅值会变得越来越大，文本框内的地址文字会越来越往向下降；反复单击向下的微调按钮，磅值会变得越来越小，文本框内的地址文字会越来越往上升。通过反复单击按钮，最终将磅值调整为 17，此时收件人地址文字刚好处在文本框垂直方向的居中位置，如图 12-126 所示。

图 12-124

图 12-125

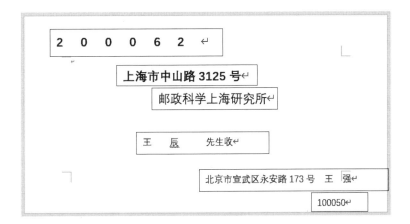

图 12-126

15 由于信封上的收件人地址和单位名称两行文字靠得比较近，并且绘制出的文本框通常比较大，因此经常会出现文字被文本框遮挡的情况，如图 12-127 所示。下面接着解决文本框遮挡文字的问题。

16 在单位名称文字所在文本框的边框线上单击，此时文本框四周的边框线上都出现了空心小圆圈，代表文本框被选中，如图 12-128 所示。

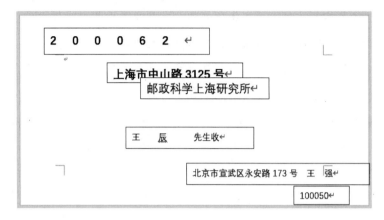

图 12-127

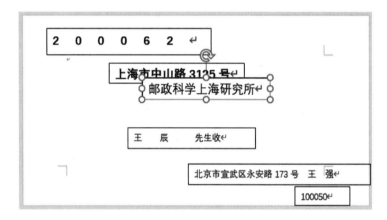

图 12-128

17 选中文本框后，单击鼠标右键，在弹出的快捷菜单中选择"设置形状格式"命令，如图 12-129 所示。

图 12-129

18 此时文档窗口右侧出现"设置形状格式"任务窗格，在其中单击"填充"选项，展开"填充"选项组，其中包含所有与填充相关的选项，如图 12-130 所示。

19 在"透明度"滑块上按住鼠标左键拖动，将文本框的透明度调整为 100%，此时单位名称文字所在的文本框变得完全透明，原来被文本框遮挡的收件人地址文字清晰可见，如图 12-131 所示。

图 12-130

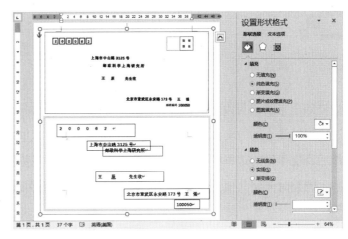

图 12-131

前面步骤中已经按照打印模板将收件人地址文字的字号、字体、字型调整好了，若收件人单位名称、收件人姓名及称谓、寄件人地址及姓名这 3 个文本框里的文字（寄件人的邮政编码字体另作调整）要使用和收件人地址文字一样的格式的话，可以用格式刷来快速实现，具体实现方法如下。

01 选中设置好格式的收件人地址文字，双击"开始"选项卡下"剪贴板"选项组中的"格式刷"按钮，如图 12-132 所示，此时鼠标指针变成▲Ｉ样式。

> **提示：** 如果单击一次"格式刷"按钮，则只能应用一次格式，之后再应用需要再次单击"格式刷"按钮；如果双击"格式刷"按钮，则可持续应用格式，直到再次单击"格式刷"按钮取消对它的选择为止。

02 按住鼠标左键拖动选中收件人单位名称、收件人姓名及称谓、寄件人地址及姓名 3 个文本框里的文字，这样 3 个文本框内的文字格式就都和收件人地址文字的格式一样了，如图 12-133 所示。

至此，信封的打印模板初步制作完毕。接下来把一个空白信封放到打印机里，将当前调整好的打印模板的内容打印到空白信封上，可以看到，打印出的信封上文字的位置出现了许多偏差。由于空白信封上收件人邮政编码的 6 个方格是事先印刷好的，其位置是固定的，而其他填写内容在多数情况下没有固定位置，因此收件人邮政编码内容必须打印得特别精准，打印位置稍有偏差就会影响美观，而其他填写内容大致调整一下即可打印。

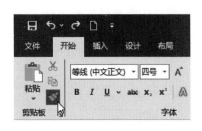

图 12-132

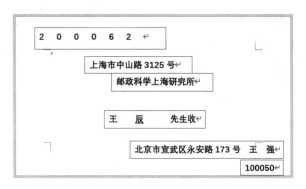

图 12-133

当打印出来的信封内容的位置有偏差时，我们可对每一个文本框进行调整。具体方法是通过使用键盘上的方向键对文本框进行移动，将文本框里的文字移动到准确的打印位置上，然后将文本框的边框线去掉。下面以收件人邮政编码位置的调整为例进行讲解，为方便讲解，调整时先将其他文本框移除，只留下收件人邮政编码所在的文本框。

01 将一个空白信封放到打印机里，然后将当前打印模板中的收件人邮政编码文本框打印到信封上，我们将这一次打印出来的文本框的位置用①来标示，如图 12-134 所示。

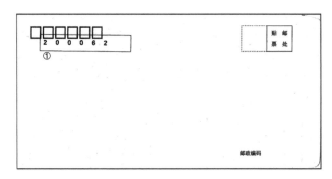

图 12-134

02 从图 12-135 所示的打印效果可以看出，邮政编码的 6 个数字的位置偏差较大，需要进行调整。选中邮政编码所在的文本框，然后在键盘中多次按下向左的方向键和向上的方向键，使文本框向左和向上移动，当文本框的位置调整好后，再将上一步打印过的信封放到打印机里进行打印，第 2 次打印出来的文本框的位置如图 12-135 所示，我们用②来标示。

03 从图 12-135 可以看出，经过上一步调整后，文本框还需要略微向上和向左移动。选中邮政编码所在的文本框后，多次按下向上的方向键和向左的方向键，直到将文本框调整到正确的位置。再次把信封放到打印机里打印，第 3 次打印出来的文本框的位置如图 12-136 所示，我们用③来标示。

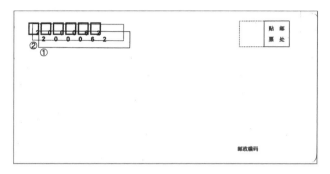

图 12-135

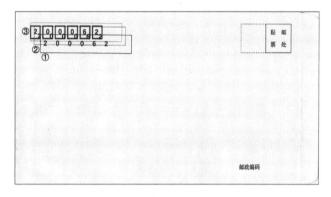

图 12-136

04 经过调整后，已经可以将邮政编码的 6 个数字精确打印在信封上的 6 个方格中了，接下来的工作是将文本框的边框线去掉。目前打印模板中邮政编码所在的文本框带有边框线，效果如图 12-137 所示。

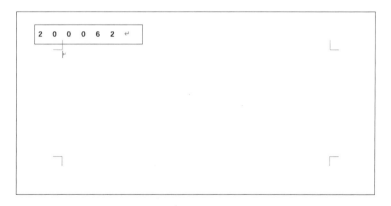

图 12-137

05 选中邮政编码所在的文本框后，单击鼠标右键，此时会弹出快捷菜单，并在文本框上方显示浮动工具栏，如图 12-138 所示。

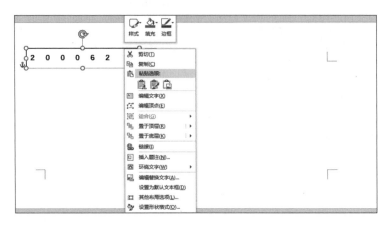

图 12-138

06 在浮动工具栏中单击"边框"按钮，在展开的列表中选择"无轮廓"选项，如图 12-139 所示。

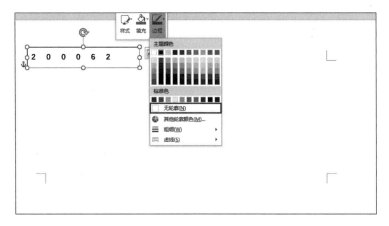

图 12-139

07 选择"无轮廓"选项后，邮政编码所在文本框的边线框就消失了，只剩下其中的 6 个数字，如图 12-140 所示。

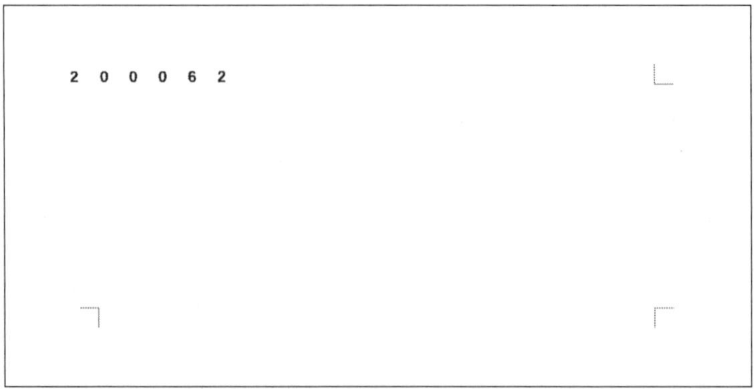

图 12-140

08 此时将一个新的信封放进打印机里打印，可以看到打印出来的邮政编码没有文本框的边框线了，如图 12-141 所示。

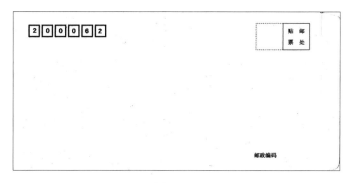

图 12-141

在制作信封打印模板的 Word 文档中，按照调整收件人邮政编码文本框位置及去除文本框边框线的做法，调整收件人地址、收件人单位、收件人姓名及称谓、寄件人地址和姓名、寄件人邮政编码所在的文本框，这样就完成了信封打印模板的制作工作，如图 12-142 所示。

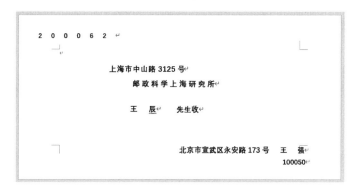

图 12-142

信封打印模板制作好后，再放一个新信封到打印机里进行打印，可以看到调整好的信封填写内容按要求打印在了信封上，如图 12-143 所示。

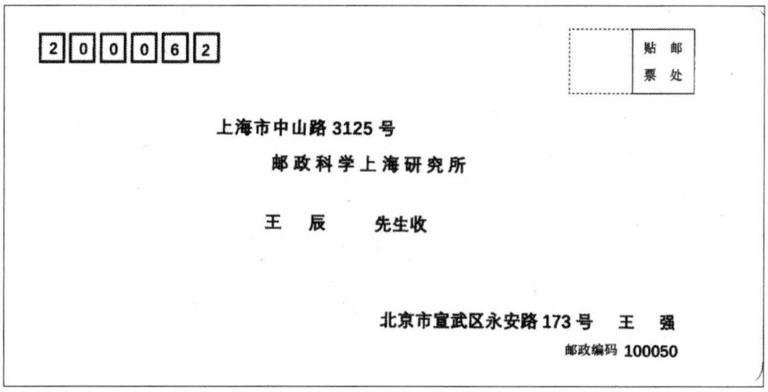

图 12-143

在 Word 文档中完成信封打印模板的制作后，接下来需要与数据源信息建立连接，以完成打印工作。这里的数据源信息是指包含收件人的邮政编码、收件人地址、收件人单位、收件人姓名，以及写信人地址、写信人姓名、写信人邮政编码的 Excel 表格，如图 12-144 所示（由于表格太长，这里只显示了部分内容）。下面讲解与数据源的具体连接步骤。

序号	收件人邮编	收件人地址	收件人单位	收件人姓名	写信人地址	写信人姓名	写信人邮政编码
1	350301	福清市石竹路123号	福建省侨兴轻工学校	李某某	福建某工程学院	李老师	350001
2	350018	福州市仓山区城门	福建省民政学校	林某某	福建某工程学院	李老师	350001
3	350019	福州市仓山区首山路33号	福建商贸学校	许某某	福建某工程学院	李老师	350001
4	350001	福州交通路22号	福州文教职业中专学校	林某某	福建某工程学院	李老师	350001
5	350021	晋安区新店镇上赤桥村1号国家森林公园内	福州榕西高级职业学校	王某某	福建某工程学院	李老师	350001
6	350600	福建省罗源县小西外路1号	罗源县县级职业中学	范某某	福建某工程学院	李老师	350001
7	350101	福州市闽侯荆溪港头连头一号	福州旅游职业中专学校	林某某	福建某工程学院	李老师	350001
8	350300	福清市宏路镇东坪村路西62号	福州第二高级技工学校	王某某	福建某工程学院	李老师	350001
9	350002	福州工业路333号4楼福州西岸高教培训中心	福州第一高级技工学校	孔某某	福建某工程学院	李老师	350001
10	350108	福州市上街大学城溪源宫路99号	福州第一技工学校	陈某某	福建某工程学院	李老师	350001
11	350007	福州市仓山区首山路57号	福建二轻工业学校	李某某	福建某工程学院	李老师	350001
12	350002	福州市仓山区建新镇洪塘路13号	福州环保职业中专学校	张某某	福建某工程学院	李老师	350001
13	350007	福州市仓山区长安路89号	福建幼儿师范高等专科学校	李某某	福建某工程学院	李老师	350001
14	350007	福州市仓山区长安路90号	福建幼儿师范高等专科学校 乘家教育	陈某某	福建某工程学院	李老师	350001
15	350108	福州闽侯上街大学城学府南路66号	福建华南女子职业学院	王某某	福建某工程学院	李老师	350001
16	350108	福州闽侯上街大学城学府南路	福州教育学院	林某某	福建某工程学院	李老师	350001
17	350001	鼓楼区梅亭路17号	福建经济学校成人教育部	刘某某	福建某工程学院	李老师	350001

图 12-144

01 在打印模板文档中切换到"邮件"选项卡，单击"开始邮件合并"选项组中的"选择收件人"按钮，在展开的下拉列表中选择"使用现有列表"选项，如图 12-145 所示。

图 12-145

02 打开"选取数据源"对话框后，找到并选中保存在桌面的数据源信息文件，然后单击"打开"按钮，如图 12-146 所示。

图 12-146

03 在"选取数据源"对话框单击"打开"按钮后,弹出"选择表格"对话框,直接单击"确定"按钮,如图 12-147 所示。

图 12-147

04 从图 12-145 中可以看出,"邮件"选项卡下"编写和插入域"选项组中的"地址块""插入合并域"两个按钮均处于灰色不可用状态,但经过上一步操作后,这两个按钮都被激活,如图 12-148 所示。

图 12-148

05 在制作好的信封打印模板里,全选收件人邮政编码,然后在"邮件"选项卡中单击"插入合并域"按钮,在展开的下拉列表中选择"收件人邮编"选项,如图 12-149 所示。

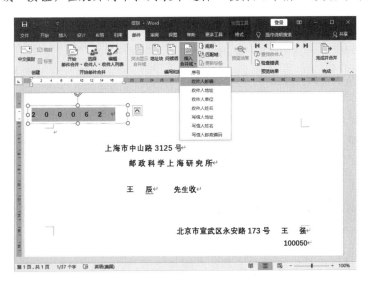

图 12-149

06 此时,原先邮政编码所在文本框里的数字变成了"《收件人邮编》"字样,如图 12-150 所示。

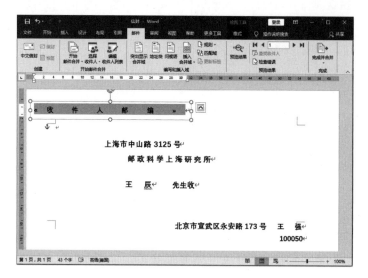

图 12-150

07 用同样的方法在相应的位置插入"收件人地址""收件人单位""收件人姓名""写信人地址""写信人姓名""写信人邮政编码"域，如图 12-151 所示。

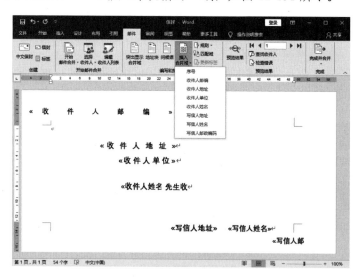

图 12-151

08 在信封打印模板的相应位置插入各个域后，单击"邮件"选项卡中的"预览结果"按钮，会发现之前数据源信息文件里的数据被应用在信封打印模板中了，如图 12-152 所示，这说明信封打印模板已经成功跟数据源信息连接上了。

09 完成了信封打印模板与数据源的连接后，就可以开始打印了。在"邮件"选项卡中单击"完成并合并"按钮，然后在弹出的下拉列表中选择"编辑单个文档"选项，如图 12-153 所示。

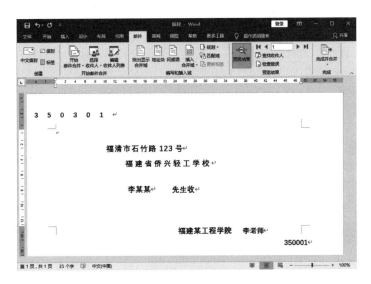

图 12-152

图 12-153

10 此时弹出"合并到新文档"对话框，选择"全部"单选按钮，然后单击"确定"按钮，如图 12-154 所示。

11 可以看到，此时文档窗口中出现多个信封打印信息，如图 12-155 所示。

图 12-154

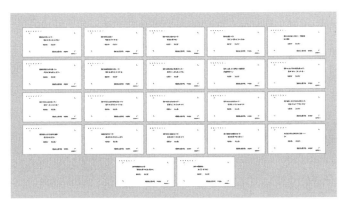

图 12-155

通常，此时便可以开始打印了，但考虑到要打印的信封数量多且邮政编码位置对打印精度要求较高，此处宜采用 10 个信封一组的方式进行打印，这就要用到"打印文档"选项了，操作步骤如下。

> **提示：** 不能一次性打印全部信封，原因有两点。一是一般信封比较厚，打印机不能预装太多信封。二是因为信封上邮政编码的打印容易受各种因素影响，需要较高的精准度，使用激光打印机打印时，打得多后机身会发烫，此时打印出来的邮政编码的位置往往会跑偏，需要进行调整；使用喷墨打印机打印时，打印多了以后卡纸器会松动，也会出现邮政编码位置跑偏的情况。

01 现在退回到前面步骤 **09** 之前的状态，使用"打印文档"选项，以 10 个信封为一组进行打印。在"邮件"选项卡中单击"完成并合并"按钮，然后在弹出的下拉列表中选择"打印文档"选项，如图 12-156 所示。

图 12-156

02 此时弹出"合并到打印机"对话框，选择"从……到……"单选按钮，然后在"从"文本框里输入 1，在"到"文本框里输入 10，接着单击"确定"按钮，如图 12-157 所示，打印机就会打印出从序号 1 到序号 10 的信息内容（也就是打印了 10 个信封）。

03 待前 10 条信息打印完成后，在"合并到打印机"对话框的"从"文本框里输入 11，在"到"文本框里输入 20，然后单击"确定"按钮，如图 12-158 所示。此时打印机会打印出从序号 11 到序号 20 的信息内容（也是打印了 10 个信封）。

图 12-157　　　　　　　　　　　　图 12-158

技巧 6：为 Word 制作目录

在 Word 中，创建目录是一项极具实用价值的功能，它能够依据文档中的各级标题自动生成结构化的索引，为读者提供清晰的全局概览。这样一来，读者在深入阅读前就能迅速把握文章的整体框架，明确各部分内容的逻辑关系与层次布局。更为重要的是，目录不仅作为文章架构的视觉呈现，更是提升阅读体验的有效工具。借助目录，读者无须逐页翻阅，只需简单点击即可瞬间跳转至感兴趣的章节或特定知识点，极大地节省了查找信息的时间，显著提升了阅读效率。这种便捷的导航方式，使得长篇文档的阅读变得更为流畅，有助于读者高效理解文档内容，尤其对于学术论文、报告、手册等篇幅较长、结构复杂的文档来说，目录的存在无疑是不可或缺的。总之，利用 Word 的目录功能，既有利于读者宏观把握文章脉络，又便于其精准定位所需信息，堪称提升文档专业度与阅读便利性的双重利器。

下面以为一篇炊技教材文档添加目录为例，介绍 Word 文档中目录的制作方法。

01 启动 Word，打开要添加目录的文档，拖动鼠标选中要作为标题的文字"一、炒萝卜（北京）"，然后在"开始"选项卡的"样式"选项组中单击"其他"按钮，在展开的列表中选择"标题 1"选项，这时选中的菜名文字会左对齐。接着在"段落"选项组中单击"居中"按钮，使选中的菜名文字居中显示，可以看到应用了"标题 1"样式的菜名文字的左侧出现了一个黑色小方块，如图 12-159 所示。

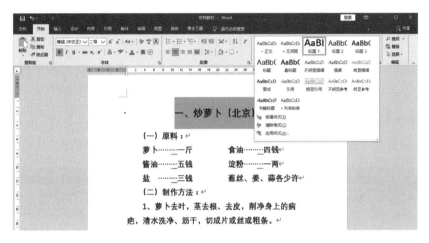

图 12-159

02 保持对上一步设置的标题文字的选择状态，在"开始"选项卡下的"剪贴板"选项组中双击"格式刷"按钮，如图 12-160 所示，此时鼠标指针会变成 样式。

图 12-160

03 使用 样式的鼠标指针依次拖动选择"二、拌胡萝卜丝（成都）""三、干烧春菜头（杭州）""四、鱼香油菜苔（成都）""五、生炒枸杞（苏州）""六、炒洋白菜（北京）" 5 个标题文字，然后为这些标题应用与"一、炒萝卜（北京）"标题同样的样式。

04 在标题文字"一、炒萝卜（北京）"的左侧单击，确定插入点光标的位置，如图

12-161 所示。

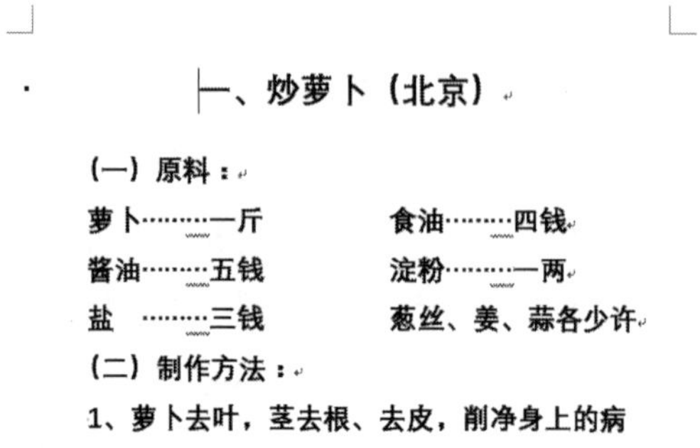

一、炒萝卜（北京）

（一）原料：

萝卜………一斤　　　食油………四钱

酱油………五钱　　　淀粉………一两

盐　………三钱　　　葱丝、姜、蒜各少许

（二）制作方法：

1、萝卜去叶，茎去根、去皮，削净身上的病

图 12-161

05 先按住 Ctrl 键，再按 Enter 键，在文档的最前方插入一页空白页。在空白页首行最左边单击，然后输入文字"目录"；在"目""录"二字的中间位置单击，然后按空格键；选中文字"目录"，在"段落"选项组里单击"居中"按钮，使其居中显示；将文字"目录"的字号设置为"二号"。在文字"目录"的右侧单击，确定插入点光标位置，然后按两次 Enter 键，使插入点光标向下移动两行，在"段落"选项组里单击"左对齐"按钮，使插入点光标居左对齐，如图 12-162 所示。

图 12-162

06 切换到"引用"选项卡，在"目录"选项组里单击"目录"按钮，在弹出的下拉列表中选择"自定义目录"选项，如图 12-163 所示。

07 此时会弹出"目录"对话框，在对话框的"常规"选项区域内，单击"格式"下拉按钮，在弹出的下拉列表中选择"来自模板"选项，然后单击"确定"按钮，如图 12-164 所示。

图 12-163

图 12-164

08 经过上一步操作后，Word 就根据之前设置的标题自动生成了菜品目录，如图 12-165 所示。Word 中生成的目录与一般书刊中的目录相比，除具备通过目录中标题和页码手动翻找到对应内容的常规功能外，还可以在按住 Ctrl 键的同时单击标题来自动跳转到该标题在正文中位置，这样省去了翻找的步骤和时间，提高了阅读效率。

09 自动生成的目录字号偏小，显得不够美观，可以对目录的字号做进一步的调整。首先选中目录部分要改变字号的文字，如图 12-166 所示。

目　录

图 12-165

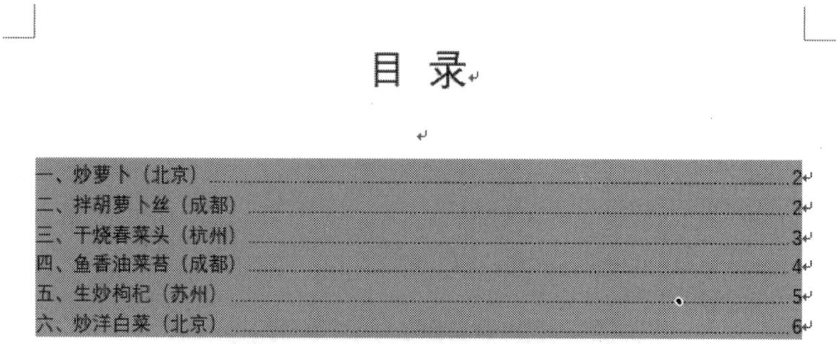

目　录

图 12-166

10 在"开始"选项卡的"字体"选项组中单击"字号"下拉按钮，然后在弹出的下拉列表中选择所需字号，这里选择"四号"。这样，选中文字的字号就全部变成了四号，如图 12-167 所示。

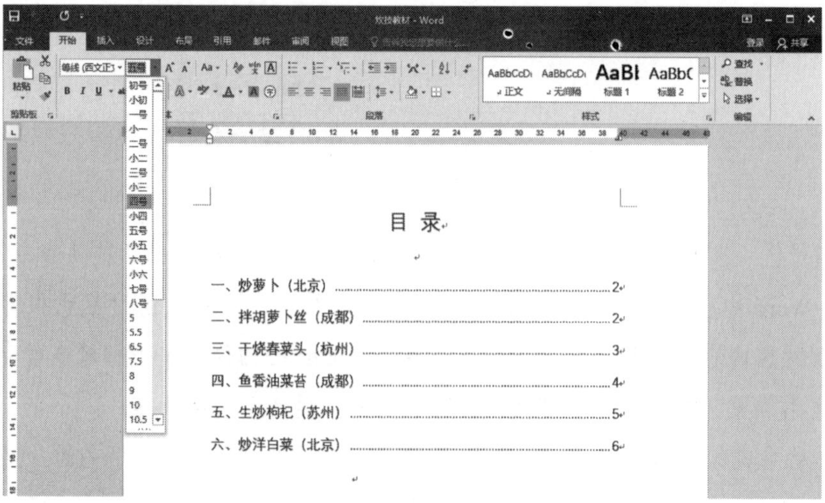

图 12-167

技巧 7：删除自动生成目录中的多余空格

Word 自动生成的目录，有时会包含一些多余的空格，这使目录显得不太美观，如图 12-168 所示。如果目录中的空格不是很多，可以使用 Backspace 键删除。但如果空格过多，按 Backspace 键一个一个地删除会比较麻烦且效率很低。这时就可以用 Word 自带的“查找和替换”功能进行高效删除。下面就来讲解具体的删除方法。

目录

一、《小学教育》　专业（函授自考）专升本教学计划……1
二、《教育学》专升本　（函授）教学计划……2
三、《地理科学》专升本（函授）教学计划（教育学方向……4
四、《化学》专升本（函授）　教学计划（教育学方向）……6
五、《历史学》专升本（函授）教学计划（教育学方向……8
六、《生物科学》专升本教学计划（教育学方向）……10
七、《数学与应用数学》专升　本教学计划（教育学方向）……12
八、《思想政治教育》专升本教学计划（教育学方向）……14
九、《物理学》　专升本（函授）教学计划（教育方向）……16
十、《英语》专升本（函授）教学计划（教育学方向）……18
十一、《汉语言文学》　专升本（函授）教学计划……20
十二、《初等教育》专科（函授）教学计划……22
十三、《学前教育》　专科（函授和自考）教学计划……24
十四、《行政管理》专升本（函授）教学计划……26
十五、《计算机科学与技术》专升本（函授）教学计划……28
十六、《旅游管理》专升本（函授）教学计划……30
十七、《行政管理》　专科（函授）教学计划……32
十八、《商务英语》专科（函授）教学计划……34
十九、《计算机应用技术》专科（函授）　教学计划……36
二十、《物流管理》专科　（函授）教学计划……38

图 12-168

01 全选目录内容文字，然后按快捷键 Ctrl + F，此时 Word 文档窗口左侧会出现“导航”窗格。单击“导航”窗格输入框右侧的下拉按钮，在弹出的下拉列表中选择“高级查找”选项，如图 12-169 所示。

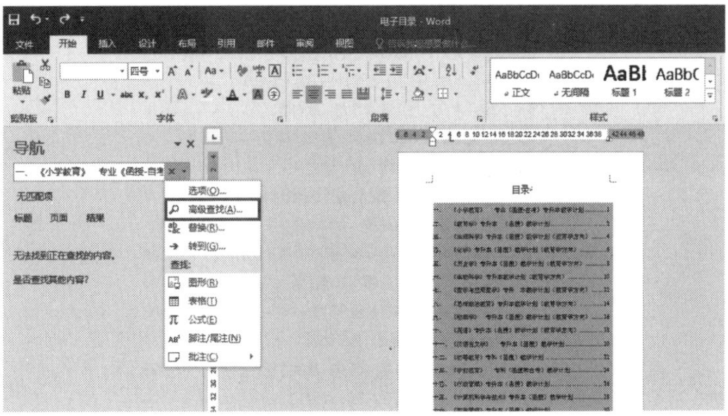

图 12-169

02 弹出"查找和替换"对话框后，可以看到"查找内容"文本框中显示了很多内容，如图 12-170 所示，按 Delete 键将其删除。

03 单击"替换"标签，切换到"替换"选项卡，在"查找内容"文本框内单击并按一次空格键，然后在"替换为"文本框内单击，最后单击"全部替换"按钮，如图 12-171 所示。

图 12-170　　　　　　　　　　　　　　　　图 12-171

04 全部替换完成后会弹出提示对话框，单击"确定"按钮，就去掉了目录中的全部空格，效果如图 12-172 所示。

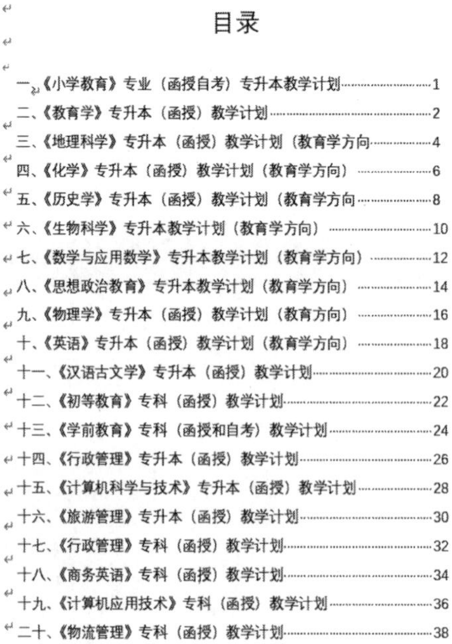

图 12-172

技巧 8：在 Word 文档中插入页码并区分奇偶页

在技巧 6 中，我们已经讲解了如何在 Word 文档中创建目录，以帮助读者快速把握全文结构。既然文档已具备了详尽的目录，同样不可或缺的便是页码的设置，以便读者精确定位各个章节内容。接下来，我们将学习如何在 Word 文档中插入页码，并针对特定应用场景进行优化。

在新版本的 Word 中，插入的页码默认情况下并不区分奇偶页，即所有页面的页码均位于同一侧。这一设置看似符合常规需求，但在特定条件下可能带来不便。例如，当我们将文档进行双面打印时，若采用默认的页码设置，装订后的文档会出现这样的问题：单面打印的文档在装订后并无影响，但双面打印文档的某些页码会在装订线内侧，导致阅读时不易查看。鉴于此，为了确保双面打印文档的阅读体验，避免页码被遮挡，以及提升整体文档的专业性和美观度，我们有必要对页码进行奇偶页区分设置。如此一来，奇数页的页码将出现在页面一侧，而偶数页的页码则位于页面另一侧，确保无论文档如何装订，页码始终可被轻松查阅。

01 启动 Word，打开要添加页码的文档，然后双击页脚位置任意一侧的截剪标记，打开"页眉和页脚工具 - 设计"选项卡，如图 12-173 所示。

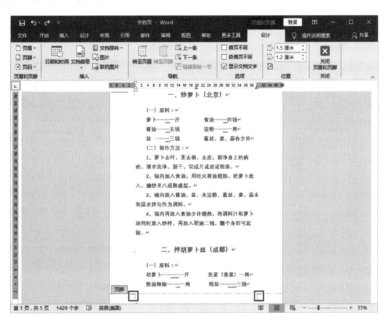

图 12-173

02 打开"页眉和页脚工具 - 设计"选项卡后，在"页眉和页脚"选项组里单击"页码"按钮，然后在弹出的下拉列表中选择"页面底端"｜"普通数字 3"选项，最后单击"关闭页眉和页脚"按钮，如图 12-174 所示。

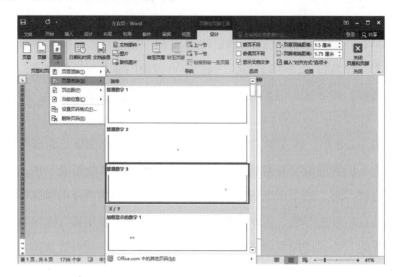

图 12-174

03 单击"关闭页眉和页脚"按钮后，文档页面底端靠右侧就出现了连续的页码。如果觉得页码字号太小，可以在页码位置双击重新打开"页眉和页脚工具 - 设计"选项卡，然后选中页码 1，在"开始"选项卡的"字体"选项组中单击"字号"下拉按钮，对它的字号进行调整，这里选择将页码的字号调整为"四号"，如图 12-175 所示。此时，当前文档里所有页码的字号均变为四号。

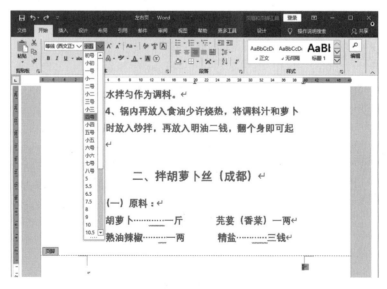

图 12-175

04 切换到当前文档的第 2 页，双击文档底部的页码，打开"页眉和页脚工具 - 设计"选项卡，如图 12-176 所示。

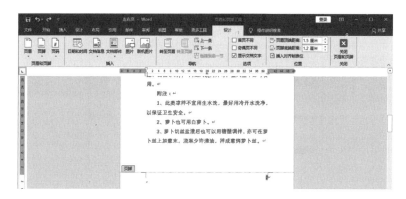

图 12-176

05 在"页眉和页脚工具-设计"选项卡的"选项"选项组中勾选"奇偶页不同"复选框，此时可以看到文档底部右侧的页码 2 已消失，同时插入点光标出现在页面底部左侧截剪标记处并出现"偶数页页脚"字样，如图 12-177 所示。

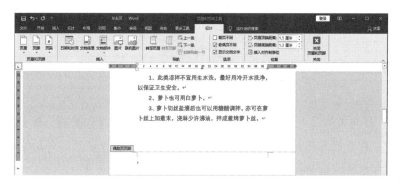

图 12-177

06 在"页眉和页脚工具-设计"选项卡的"页眉和页脚"选项组里单击"页码"按钮，在弹出的下拉列表中选择"页面底端"｜"普通数字 1"选项，如图 12-178 所示。

图 12-178

07 选择"普通数字1"选项后，文档底部左侧截剪标记处出现了页码2，如图12-179 所示。

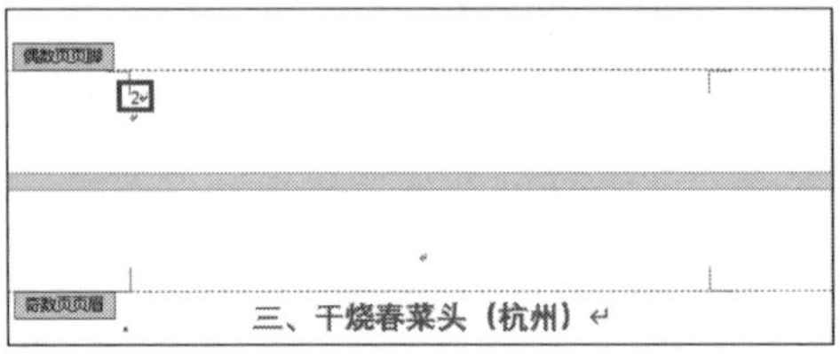

图 12-179

08 和前面一样，自动生成的页码2的字号偏小，使用和步骤**03**同样的方法将页码的字号调整为四号。调整后，选中的页码2的字号已变大，如图12-180 所示。

图 12-180

09 在"页眉和页脚工具 - 设计"选项卡中单击"关闭页眉和页脚"按钮，返回文档，可以看到所有奇数页的页码均位于页面底部右侧，而所有偶数页的页码均位于页面底部左侧，并且所有页码是连续的，效果如图12-181 所示。

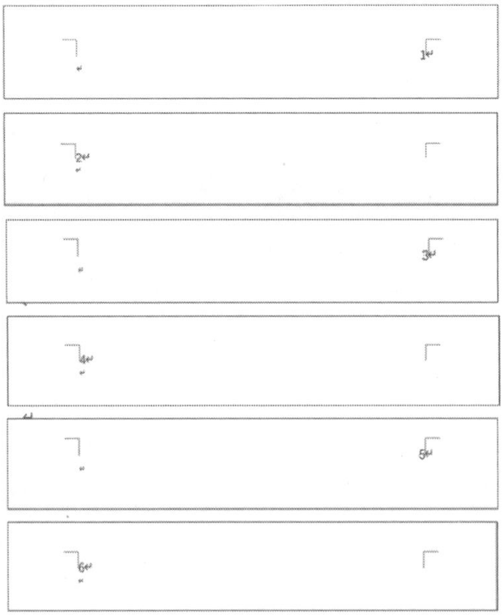

图 12-181

技巧 9：一招解决使用 Excel 表格作为数据源时数据出错的问题

在利用邮件合并功能批量制作文件时，Excel 表格常作为重要的数据来源，但在实际操作中却容易遭遇数据错误的问题。例如，在运用邮件合并功能生成学生成绩单时，通常会选用包含学生成绩记录的 Excel 表格作为数据源。但是，在打印过程中有时会遇到学生成绩显示为零的现象，妨碍了成绩单的准确无误自动打印，从而影响了办公自动化的高效应用。

这种情况可能是由于 Excel 表格中的单元格数据格式不正确、数据缺失或者链接失效等原因造成的。面对这类问题，可以采取以下步骤进行排查和解决。

- 验证 Excel 表格中的成绩数据是否完整无误，排除录入错误或公式计算失误。
- 检查用于邮件合并的数据区域是否包含了所有必要的字段，尤其是成绩字段是否正确关联。
- 确认 Excel 单元格格式是否恰当，特别是成绩单元格是否设置为数值类型而非文本或其他非数字格式，以确保成绩数据能被邮件合并功能正确识别和导入。

通过以上方法进行调整与处理，应当能够有效解决邮件合并时成绩显示为零的问题，但是排查与调整需要花费一定的时间和精力，在实际应用中可以采用更为简洁有效的方法来解决，从而确保成绩单能够顺利实现自动化打印，具体方法介绍如下。

01 启动 Excel，打开学生成绩登记表，成绩单数据即 A2：U22 单元格区域，如图 12-182 所示。选中 A2：U22 单元格区域（注意不要选中第一行标题），然后单击"开始"选项卡下"剪贴板"选项组中的"复制"按钮。

华中某工学院2006级函授中文本科学生成绩登记表

序号	姓名	毛邓三概论	20世纪西方文学	现代教育理论	中国现代文学	古代小说戏曲专题	新时期文学	训诂学	唐诗宋词专题	少年儿童文学	现代汉语	影视文学	马列文论	中国古代文论	美学	先秦两汉散文	语言学概论	西方文论	中学语文教学研究	毕业论文
1	周某某	78	87	92	87	85	60	79	77	86	80	良	优	70	87	86	80	83	94	良
2	李某某	85	86	65	86	86	81	81	72	92	83	良	优	72	83	80	80	81	76	及格
3	林某某	80	86	91	84	81	60	75	78	90	75	良	良	70	88	79	79	77	80	及格
4	黄某某	70	80	81	79	60	60	补及	62	60	64	中	中	60	补及	65	79	77	80	良
5	陈某某	71	83	89	89	80	60	72	69	91	77	良	良	69	77	66	78	83	75	良
6	林某某	79	72	补及	82	80	60	75	70	83	70	优	良	64	75	65	73	80	72	中
7	杨某	86	87	89	91	82	84	86	80	81	85	良	良	85	81	81	79	77	82	中
8	叶某某	72	80	81	86	86	67	85	81	89	75	良	优	82	82	72	77	81	83	良
9	李某	80	78	84	88	80	83	86	77	86	82	优	优	75	79	78	81	80	84	及格
10	林某	75	80	85	85	87	61	77	71	84	75	良	优	70	80	68	79	79	80	及格
11	赵某某	75	86	87	89	81	71	78	68	81	70	良	优	69	85	74	77	79	78	中
12	林某某	69	84	89	84	83	64	82	72	70	66	中	优	68	82	77	67	73	76	及格
13	黄某	71	85	80	88	86	70	70	73	86	68	中	良	64	74	75	81	78	72	中
14	林某某	76	77	87	86	81	70	70	81	67	良	及格	64	74	75	81	75	75	良	
15	陈某某	82	80	96	83	84	65	85	71	81	64	良	良	71	82	85	78	81	良	
16	胡某某	72	83	69	74	85	60	64	70	79	65	优	良	62	83	67	70	76	83	良
17	魏某某	78	80	94	87	85	补及	73	80	74	中	良	64	62	65	75	85	良		
18	陈某	68	86	91	76	65	60	82	75	70	62	良	良	68	83	70	77	78	77	中
19	叶某某	78	76	95	88	82	78	83	73	81	62	优	优	80	86	82	79	76	良	
20	于某某	73	80	94	82	80	61	76	74	74	72	良	及格	62	82	71	74	73	76	优

成绩总表

图 12-182

02 新建一个 Word 文档，在"开始"选项卡下的"剪贴板"选项组中单击"粘贴"按钮，粘贴复制的 Excel 表格数据，如图 12-183 所示。保存该 Word 文档，将其作为之后使用邮件合并功能时连接的数据源，则打印成绩时将不会再出现错误。

图 12-183

技巧 10：Word 文档打不开时的快速解决办法

在日常工作中，遇到自己精心编排的 Word 文档无法正常打开，或者打开后出现乱码的情况时，无疑会给工作带来极大的困扰。下面将提供一种应对策略，希望能够帮助读者有效地解决此类问题，最大程度地减少可能的损失。

01 打开任意一个 Word 文档，然后单击"文件"标签，如图 12-184 所示。

图 12-184

02 在弹出界面的左侧列表中选择"打开"选项，然后选择"浏览"选项，如图 12-185 所示。

03 此时会弹出"打开"对话框，在对话框中浏览并选择有问题的 Word 文档，然后单击"打开"按钮右侧的下拉按钮，在弹出的下拉列表中选择"打开并修复"选项，就有可能正常打开出问题的 Word 文档，如图 12-186 所示。

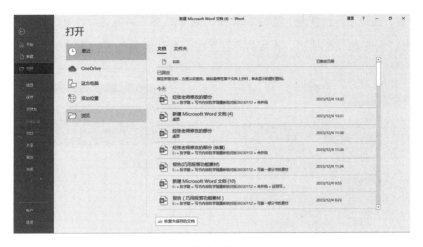

图 12-185

图 12-186

技巧 11：快速缩减 Word 文档的页码

我们在撰写报告或其他文件时，经常需要进行紧凑排版，以便将原本占据两页的内容调整至一页内展示。这样做不仅能够节约打印成本，缩减文档页数，而且有助于提高阅读的一致性和连贯性，方便审阅和编辑。此外，合理的页面布局还能在某种程度上提升文档的整体视觉效果和工作效率。下面就来介绍具体调整方法。

01 启动 Word，打开要调整的文档，可以看到目前的报告有两页内容，但第 2 页内容不多，而且整体行距稀疏，可调整的空间还是比较大的。首先选中除"申请报告"以外的内容，如图 12-187 所示。

02 切换到"开始"选项卡，单击"段落"选项组的对话框启动器，在弹出的"段落"

对话框中单击"行距"下拉按钮，然后在下拉列表中选择"固定值"选项，如图12-188所示。

03 选择"固定值"选项后，其后的"设置值"默认显示为"12磅"，如图12-189所示。

图 12-187

图 12-188　　　　　　　图 12-189

04 多次单击"设置值"文本框右侧向上的微调按钮，将磅数调至"23磅"，如图12-190所示，减小报告文字的行距，然后单击"确定"按钮。此时所有报告内容已调至一页内。

提示： 增大磅数到一定值时文字部分的行距反而会增大，达不到减小报告文字行距的目的，读者在操作时需要反复尝试，直到找到最合适的磅数。

05 经过上一步操作后，虽然所有报告内容调整至一页内，但报告文字部分有些拥挤，显得不美观，这时可以切换到"布局"选项卡，单击"页面设置"选项组的对话框启动器，如图 12-191 所示。

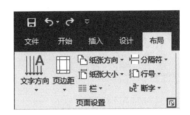

图 12-190

图 12-191

06 打开"页面设置"对话框后，可以看出"页边距"选项区域中上、下页边距文本框里都是"2.54 厘米"，左、右页边距文本框里都是"3.17 厘米"，如图 12-192 所示。

07 将"页边距"选项区域中的上、下页边距从原来的 2.54 厘米改为 1.9 厘米，再将左、右页边距从原来的 3.17 厘米改为 1.7 厘米，然后单击"确定"按钮，如图 12-193 所示。

图 12-192

图 12-193

08 保持除"申请报告"外所有内容的选中状态，再切换到"开始"选项卡，单击"段落"选项组的对话框启动器，在弹出的"段落"对话框中单击"行距"下拉按钮，然后在下拉列表中选择"固定值"选项，并在"设置值"文本框中输入"27磅"，最后单击"确定"按钮，如图12-194所示。

09 经过以上多步操作后，所有报告内容就都容纳在一页范围内了，而且不显得拥挤，效果如图12-195所示。

图 12-194

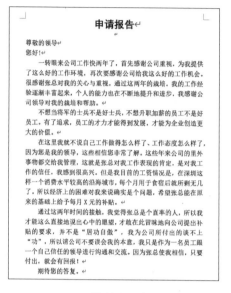

图 12-195

技巧 12：根据成绩总表为每位学生自动打印成绩表

对于学校或教育机构而言，手动为每一位学生单独制作成绩表是一项烦琐、耗时的任务。传统的逐一手动制作方式不仅耗时巨大，还可能因人工输入而产生误差。此时，Word文档的邮件合并功能便成为提升效率、确保准确性的理想解决方案。该功能能够无缝集成来自Excel的数据源，自动为每位学生生成个性化成绩表。具体操作为：首先在Excel中整理学生的成绩数据，随后在Word中设计成绩表的布局模板，通过邮件合并功能，这些数据会被自动抽取并填入Word模板的相应位置，无须手动重复输入任何信息。这一过程显著降低了错误率，即便学生人数众多，也能保证数据的精确无误。

更为便捷的是，当需要调整成绩表的格式或数据有所变动时，仅需在Excel数据源或Word模板上进行统一修改，随后重新执行邮件合并步骤，所有成绩表立刻反映出这些更新，无须逐一对文档进行调整。这样的灵活性和高效性，尤其适合学期末或学年末大规模制作成绩表的高峰期，确保学校或教育机构能够高效、准确地完成这一工作。

下面就来讲解使用邮件合并功能为每位学生自动化打印成绩表的方法。

01 启动Excel，打开要作为数据源使用的毕业班学生成绩总表，如图12-196所示。

2006级函授中文本科学生成绩总登记表

序号	姓名	毛邓三概论	20世纪西方文学	现代教育理论	中国现代文学	古代小说戏曲专题	新时期文学	训诂学	唐诗宋词专题	少年儿童文学	影视文学	现代汉语	马列文论	中国古代文论	美学	先秦两汉散文	语言学概论	西方文论	中学语文教学研究	毕业论文
1	周某某	78	87	92	87	85	60	79	77	86	80	良	优	70	87	86	80	83	94	良
2	李某	85	86	65	86	86	81	81	72	92	83	良	优	72	83	80	80	81	76	及格
3	林某某	80	86	91	84	81	60	75	78	90	75	良	优	72	79	83	78	79	73	及格
4	黄某某	70	80	81	79	60	60	补及	62	60	64	中	中	60	补及	65	79	77	80	良
5	陈某某	71	83	89	89	80	60	72	69	91	77	良	良	69	77	66	78	83	75	良
6	林某某	79	72	补及	82	60	66	71	70	83	70	优	良	64	75	65	73	80	72	中
7	杨某	86	87	89	91	82	84	86	80	81	85	良	良	85	81	81	79	77	82	中
8	叶某某	72	80	81	86	86	67	85	81	79	75	良	优	82	82	72	77	81	83	良
9	李某	80	78	84	88	80	86	77	86	82		优	优	75	79	78	81	80	84	及格
10	林某	75	80	85	85	87	61	77	71	84	75	良	优	70	80	68	79	79	80	及格
11	赵某某	75	86	87	89	81	71	78	68	81	70	良	优	69	85	74	77	79	78	中
12	林某某	69	84	89	84	83	64	82	72	70	66	中	优	68	82	77	67	73	76	及格
13	黄某	71	85	80	88	86	70	73	86	68	70	良	良		74	80	83	78	72	中
14	林某某	76	77	87	86	81	70	79	70	81	67	良	及格	64	74	75	81	75	75	良
15	陈某某	82	80	96	83	64	65	85	71	81	64	良	良	71	82	85	78	78	81	良
16	胡某某	72	83	63	97	74	85	60	64	70	79	良	优	65	60	64	70	76	83	及格
17	魏某某	78	80	94	87	85	补及	62	73	80	74	中	良	70	84	62	75	75	85	良
18	陈某	68	86	91	76	65	82	75	70	62		良	良	68	83	70	77	78	77	中
19	叶某某	78	76	95	88	82	78	83	71	81	62	优	优	72	80	86	82	79	76	良
20	于某某	73	80	94	82	80	61	76	74	74	72	良	及格	62	82	71	74	73	76	优

花名册　考勤　成绩　计划　**成绩总表**　＋

图 12-196

02 将毕业班学生成绩总表第一行的标题去掉，再将其他不相关的工作表全部删除，以使该成绩总表符合数据源表格的要求，然后将处理好的数据源表格保存在用户计算机操作系统的桌面上。处理完毕的毕业班学生成绩总表如图 12-197 所示。

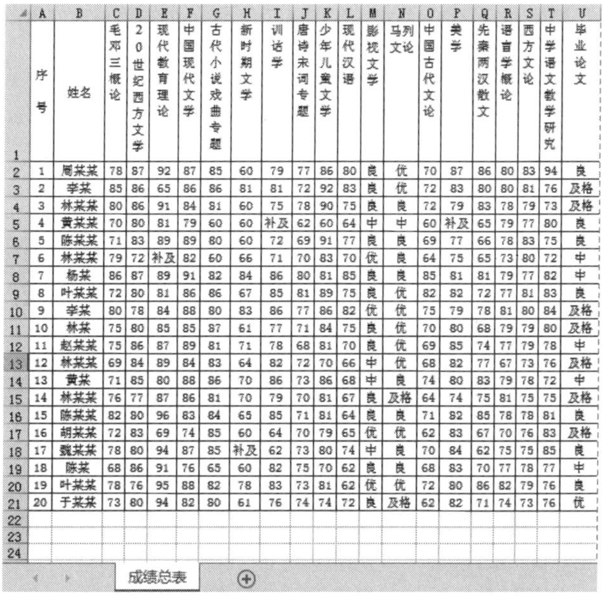

序号	姓名	毛邓三概论	20世纪西方文学	现代教育理论	中国现代文学	古代小说戏曲专题	新时期文学	训诂学	唐诗宋词专题	少年儿童文学	影视文学	现代汉语	马列文论	中国古代文论	美学	先秦两汉散文	语言学概论	西方文论	中学语文教学研究	毕业论文
1	周某某	78	87	92	87	85	60	79	77	86	80	良	优	70	87	86	80	83	94	良
2	李某	85	86	65	86	86	81	81	72	92	83	良	优	72	83	80	80	81	76	及格
3	林某某	80	86	91	84	81	60	75	78	90	75	良	优	72	79	83	78	79	73	及格
4	黄某某	70	80	81	79	60	60	补及	62	60	64	中	中	60	补及	65	79	77	80	良
5	陈某某	71	83	89	89	80	60	72	69	91	77	良	良	69	77	66	78	83	75	良
6	林某某	79	72	补及	82	60	66	71	70	83	70	优	良	64	75	65	73	80	72	中
7	杨某	86	87	89	91	82	84	86	80	81	85	良	良	85	81	81	79	77	82	中
8	叶某某	72	80	81	86	86	67	85	81	79	75	良	优	82	82	72	77	81	83	良
9	李某	80	78	84	88	80	86	77	86	82		优	优	75	79	78	81	80	84	及格
10	林某	75	80	85	85	87	61	77	71	84	75	良	优	70	80	68	79	79	80	及格
11	赵某某	75	86	87	89	81	71	78	68	81	70	良	优	69	85	74	77	79	78	中
12	林某某	69	84	89	84	83	64	82	72	70	66	中	优	68	82	77	67	73	76	及格
13	黄某	71	85	80	88	86	70	73	86	68	70	良	良		74	80	83	78	72	中
14	林某某	76	77	87	86	81	70	79	70	81	67	良	及格	64	74	75	81	75	75	良
15	陈某某	82	80	96	83	64	65	85	71	81	64	良	良	71	82	85	78	78	81	良
16	胡某某	72	83	63	97	74	85	60	64	70	79	良	优	65	60	64	70	76	83	及格
17	魏某某	78	80	94	87	85	补及	62	73	80	74	中	良	70	84	62	75	75	85	良
18	陈某	68	86	91	76	65	82	75	70	62		良	良	68	83	70	77	78	77	中
19	叶某某	78	76	95	88	82	78	83	71	81	62	优	优	72	80	86	82	79	76	良
20	于某某	73	80	94	82	80	61	76	74	74	72	良	及格	62	82	71	74	73	76	优

成绩总表　＋

图 12-197

03 在 Word 中打开毕业生学业成绩表，切换到"邮件"选项卡，单击"开始邮件合并"

选项组中的"选择收件人"按钮，在弹出的列表中选择"使用现有列表"选项，如图 12-198 所示。

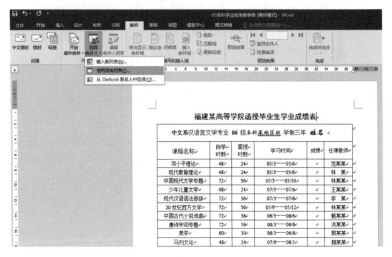

图 12-198

04 弹出"选取数据源"对话框后，在其中找到并选择之前保存在桌面的数据源文件"毕业班的电子版成绩总表"，单击"打开"按钮，如图 12-199 所示。

05 弹出"选择表格"对话框，直接单击"确定"按钮，如图 12-200 所示。

06 此时"邮件"选项卡下"编写和插入域"选项组中的"插入合并域"按钮被激活，如图 12-201 所示。

图 12-199

图 12-200

图 12-201

07 在毕业生学业成绩表的"姓名"文字后单击，然后在"邮件"选项卡下的"编写和插入域"选项组中单击"插入合并域"下拉按钮，此时会展开包含"姓名"和多门课程名称的下拉列表，在其中选择"姓名"选项，如图 12-202 所示。

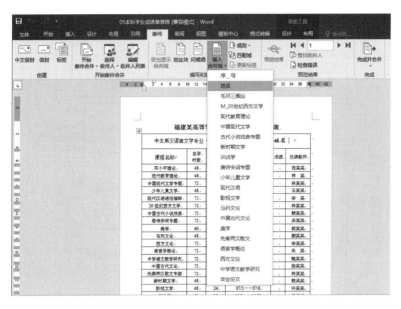

图 12-202

08 此时，在毕业生学业成绩表的"姓名"文字右侧出现了"《姓名》"字样。接着在毕业生学业成绩表中"邓小平理论"课程对应的成绩单元格中单击，然后选择"插入合并域"下拉列表中的"毛邓三概论"选项，如图 12-203 所示。

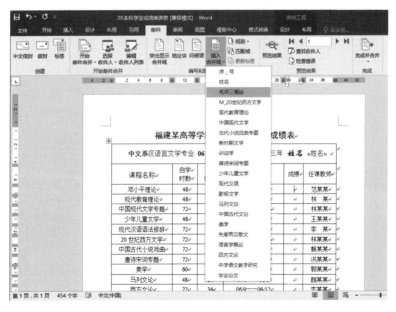

图 12-203

09 经过上一步操作后，在毕业生学业成绩表中"邓小平理论"课程对应的成绩单元格中出现了"《毛邓三概论》"字样，如图 12-204 所示。

福建某高等学院函授毕业生学业成绩表

中文系汉语言文学专业 06 级本科基地区班 学制三年 姓名 《姓名》

课程名称	自学时数	面授时数	学习时间	成绩	任课教师
邓小平理论	48	24	05/3——05/6	《毛邓三概论》	范某某
现代教育理论	48	24	05/3——05/6		林某
中国现代文学专题	72	36	05/3——05/10		林某某
少年儿童文学	48	24	07/3——07/6		王某某
现代汉语语法修辞	72	36	07/3——07/6		李某
20 世纪西方文学	72	36	05/9——05/12		林某某
中国古代小说戏曲	72	36	06/3——06/6		赖某某
唐诗宋词专题	72	36	06/3——06/6		洪某某
美学	60	30	06/3——06/6		郭某某
马列文论	48	24	07/9——08/1		颜某某
西方文论	72	36	06/9——06/12		李某某
语言学概论	72	36	05/9——05/12		朱某
中学语文教学研究	72	36	06/7——06/8		鲍某某
中国古代文论	72	36	07/9——08/1		陈某某
先秦两汉散文专题	72	36	07/3——08/1		林某某
新时期文学	48	24	07/9——08/1		赖某某

图 12-204

10 按照上面的步骤对其他课程成绩进行相同操作，使其他课程对应的成绩单元格中均插入带书名号的课程名称字样，如图 12-205 所示。

福建某高等学院函授毕业生学业成绩表

中文系汉语言文学专业 06 级本科基地区班 学制三年 姓名 《姓名》

课程名称	自学时数	面授时数	学习时间	成绩	任课教师
邓小平理论	48	24	05/3——05/6	《毛邓三概论》	范某某
现代教育理论	48	24	05/3——05/6	《现代教育理论》	林 某
中国现代文学专题	72	36	05/3——05/10	《中国现代文学	林某某
少年儿童文学	48	24	07/3——07/6	《少年儿童文学》	王某某
现代汉语语法修辞	72	36	07/3——07/6	《现代汉语	李 某
20 世纪西方文学	72	36	05/9——05/12	《M_20 世纪西方文	林某某
中国古代小说戏曲	72	36	06/3——06/6	《古代小说戏曲专	赖某某
唐诗宋词专题	72	36	06/3——06/6	《唐诗宋词专题》	洪某某
美学	60	30	06/3——06/6	《美学》	郭某某
马列文论	48	24	07/9——08/1	《马列文论》	颜某某
西方文论	72	36	06/9——06/12	《西方文论》	李某某
语言学概论	72	36	05/9——05/12	《语言学概论》	朱 某
中学语文教学研究	72	36	06/7——06/8	《中学语文教学研	鲍某某
中国古代文论	72	36	07/9——08/1	《中国古代文论》	陈某某
先秦两汉散文专题	72	36	07/3——08/1	《先秦两汉散文	林某某
新时期文学	48	24	07/9——08/1	《新时期文学》	赖某某
影视文学	48	24	07/9——08/1	《影视文学》	许某某
训诂学	60	30	05/9——05/12	《训诂学》	杨某某
毕业论文			07/3——08/1	《毕业论文》	
考勤记载			奖惩记载		
旷课 课时					
病假 课时					
事假 课时					
中文系对该生学习成绩、考勤记载及奖惩记载的确认			院教务部门确认准予毕业 成绩合格，准予毕业。		
2008 年 1 月 18 日			2008 年 1 月 19 日		

注：考试课程成绩以百分制评定；考查成绩采用"优""良""中""及格""不及格"评定。

图 12-205

11 这样毕业班学生成绩总表里的姓名和各课程成绩就与毕业生学业成绩表里的姓名和各课程成绩建立了连接，单击"预览结果"按钮，如图 12-206 所示。

图 12-206

12 单击"预览结果"按钮后，可以看到毕业生学业成绩表里的"《姓名》"变为具体的人名，各课程对应的"成绩"单元格中带书名号的课程名称字样都变为具体的分数，如图 12-207 所示。

福建某高等学院函授毕业生学业成绩表

中文系汉语言文学专业 06 级本科某地区班 学制三年 **姓 名** 周某某

课程名称	自学时数	面授时数	学习时间	成绩	任课教师
邓小平理论	48	24	05/3——05/6	78	范某某
现代教育理论	48	24	05/3——05/6	92	林 某
中国现代文学专题	72	36	05/3——05/10	87	林某某
少年儿童文学	48	24	07/3——07/6	86	王某某
现代汉语语法修辞	72	36	07/3——07/6	80	李 某
20 世纪西方文学	72	36	05/9——05/12	87	林某某
中国古代小说戏曲	72	36	06/3——06/6	85	赖某某
唐诗宋词专题	72	36	06/3——06/6	77	洪某某
美学	60	30	06/3——06/6	87	郭某某
马列文论	48	24	07/9——08/1	优	颜某某
西方文论	72	36	06/9——06/12	83	李某某
语言学概论	72	36	05/9——05/12	80	朱 某
中学语文教学研究	72	36	06/7——06/8	94	鲍某某
中国古代文论	72	36	07/9——08/1	70	陈某某
先秦两汉散文专题	72	36	07/9——08/1	86	林某某
新时期文学	48	24	07/9——08/1	60	赖某某
影视文学	48	24	07/3——07/6	良	许某某
训诂学	60	30	05/9——05/12	79	杨某某
毕业论文			07/3——08/1	良	

考勤记载		奖惩记载	
旷课____课时			
病假____课时			
事假____课时			
中文系对该生学习成绩、考勤记载及奖惩记载的确认		院教务部门确认准予毕业成绩合格，准予毕业。	
2008 年 1 月 18 日		2008 年 1 月 19 日	

注：考试课程成绩以百分制评定；考查成绩采用"优""良""中""及格""不及格"评定

图 12-207

提示： 使用毕业班学生成绩总表作为数据源时，要避免表格里的成绩有错误。所以在打印前应该先抽几个学生的成绩进行比对，确认分数没有错误后再开始打印。如果比对后发现分数有错误，那么就必须先进行处理，具体处理方法可以参考"技巧 9：一招解决使用 Excel 表格作为数据源时数据出错的问题"。

13 现在就可以将所有学生的学业成绩表打印出来了。在"邮件"选项卡下的"完成"选项组中单击"完成并合并"按钮，在弹出的下拉列表中选择"编辑单个文档"选项，如图 12-208 所示。

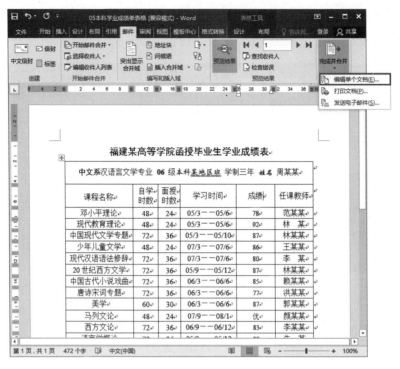

图 12-208

14 在弹出的"合并到新文档"对话框中选择"全部"单选按钮，然后单击"确定"按钮，如图 12-209 所示。

15 此时 Word 文档窗口中显示出所有学生的学业成绩表，直接进行打印操作即可，如图 12-210 所示。

图 12-209

16 还可以用另一种方式打印所有学生的学业成绩表。退回到步骤**13**时的状态，在"邮件"选项卡下，单击"完成"选项组中的"完成并合并"按钮，然后在弹出的下拉列表中选择"打印文档"选项，如图 12-211 所示。

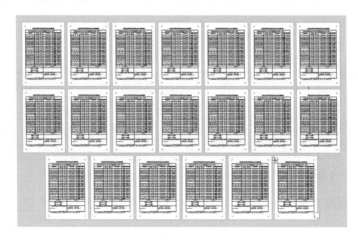

图 12-210

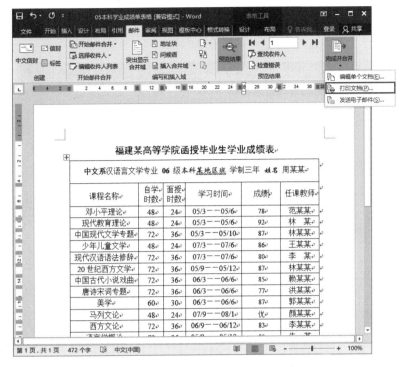

图 12-211

17 在弹出的"合并到打印机"对话框中选择"全部"单选按钮，然后单击"确定"按钮，也可以将全部学生的学业成绩表打印出来，如图 12-212 所示。

图 12-212

技巧 13：轻松调整文档标题宽度

当文档内容输入完毕后，接下来的重要步骤是对文档进行全面的排版优化，旨在提升其视觉美感和阅读体验。这其中就包括了对标题的精心设计与调整，确保它们既能吸引读者注意，又能有效呈现文档结构。在调整标题时，首先要注意的是合理设置其宽度和居中对齐，以确保标题既不过于紧凑而影响阅读，也不过分松散以致视觉失衡。下面介绍具体调整步骤。

01 启动 Word，打开要调整标题宽度的文档，然后选中标题文字"奋斗的青春最美丽"，如图 12-213 所示。

图 12-213

02 在"开始"选项卡的"段落"选项组中单击"中文版式"按钮，然后在弹出的下拉列表中选择"调整宽度"选项，如图 12-214 所示。

图 12-214

03 弹出的"调整宽度"对话框的"新文字宽度"文本框中默认显示"8 字符"，如图 12-215 所示。

> **提示：**"新文字宽度"文本框右侧有一组微调按钮，单击向上的微调按钮，字符值会变得越来越大，选中的标题文字的宽度就会越来越宽；单击向下的微调按钮，字符值会变得越来越小，选中的标题文字的宽度会越来越窄。所以，利用微调按钮就可以自如地调整标题文字的宽度了。

04 在"新文字宽度"文本框中单击向上的微调按钮直至"9.5 字符"，如图 12-216 所示。

图 12-215

图 12-216

05 此时选中的标题文字"奋斗的青春最美丽"的宽度变宽，如图 12-217 所示。

图 12-217

技巧 14：制作红头文件的红线

我们在平时的工作和生活中都会经常看到各种红头文件，并且所有红头文件的红字下方都有一根水平红线，这根红线是如何制作的呢？下面就为大家介绍制作方法。

01 新建一个 Word 文档，切换到"插入"选项卡，在"插图"选项组中单击"形状"按钮，然后在弹出的下拉列表中的"线条"区域单击"直线"按钮，如图 12-218 所示，

此时鼠标指针变为 ✚ 形状。

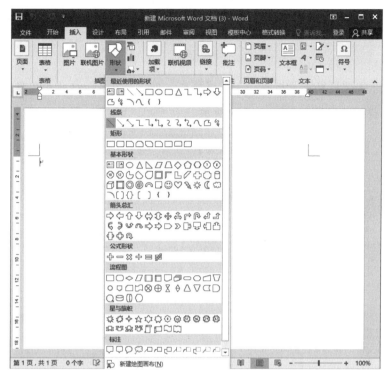

图 12-218

02 当鼠标指针变为 ✚ 形状后，按住 Shift 键，在文档上部拖动鼠标绘制出一条水平线，如图 12-219 所示。

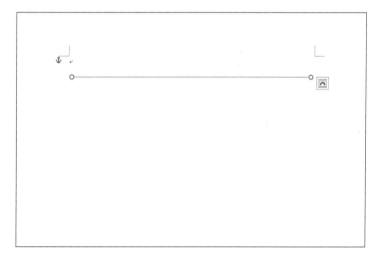

图 12-219

03 单击"绘图工具-格式"选项卡下"形状样式"选项组右下角的对话框启动器，如图 12-220 所示。

图 12-220

04 在打开的"设置形状格式"任务窗格中，单击"宽度"文本框右侧的微调按钮，可以改变水平横线的宽度，如图 12-221 所示。

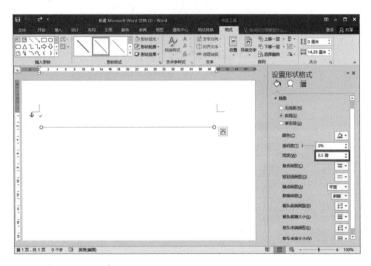

图 12-221

05 红头文件中的水平线都是有一定宽度的，这里通过多次单击"宽度"文本框右侧的微调按钮，将数值调整到"4.75 磅"，再将颜色设置为"红色"，这样红头文件的红线就制作好了，如图 12-222 所示。如果要调整红线的高低位置，可以单击选中红线，然后多次按下键盘上的上、下方向键进行调整。

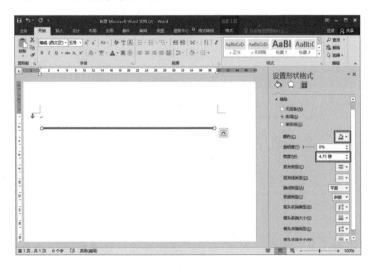

图 12-222

技巧 15：用 Word 批量打印荣誉证书

各类学校每年都会对表现优秀的学生进行表彰并颁发荣誉证书，此时对于校方来说，填写荣誉证书的内容就成了一件繁重的工作。如果证书数量很大，使用毛笔或钢笔人工书写证书内容的话，工作量巨大且书写速度缓慢，而且为保证书写质量，还必须要找书法功底好的人来书写。如果使用 Word 批量打印证书，不仅字体工整美观，而且有多种字体可供选择，尤其在打印大量的证书时既速度快又质量好。

在使用 Word 批量打印荣誉证书前，首先要购买规格统一的荣誉证书纸，还需要制作一个打印模板。打印模板的制作需要依据购买的荣誉证书纸的尺寸进行，这里我们选用市面上一款常见的荣誉证书纸（如图 12-223 所示）进行测量，最终测得该证书纸的宽度为26.7 厘米，高度为 17.9 厘米。

图 12-223

01 启动 Word，新建一个空白文档，切换到"布局"选项卡，单击"页面设置"选项组右下角的对话框启动器，如图 12-224 所示。

图 12-224

02 在打开的"页面设置"对话框里单击"纸张"标签，切换到"纸张"选项卡，可以看到"纸张大小"默认被设置为 A4。单击 A4右侧的下拉按钮，在弹出的下拉列表中选择"自定义大小"选项，如图 12-225 所示。

03 选择"自定义大小"选项后，在下面的"宽度"文本框中输入"26.7 厘米"，在"高度"文本框中输入"17.9 厘米"，然后单击"确定"按钮，如图 12-226 所示。

04 设置完 Word 文档的页面纸张大小后，之前新建的 Word 文档的尺寸变得和荣誉证书纸的大小完全相同。在这个和荣誉证书纸大小相同的 Word 文档中，输入具体的证书内容，再经过大致排版，得到如图 12-227 所示的效果。

图 12-225 　　　　　　　　　　　图 12-226

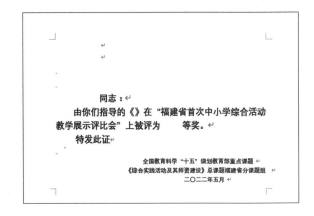

图 12-227

05 拿一张荣誉证书纸放到打印机里测试一下打印效果，如有偏差要再进行调整，经过多次测试和调整，直到达到满意效果，如图 12-228 所示。这样打印模板就制作好了。

图 12-228

06 在批量打印荣誉证书前，先要与数据源建立连接，所以这一步就来创建数据源。创建好的数据源如图 12-229 所示。之后将数据源文件命名为"建立打印奖状数据库"并保存在桌面上，以方便后面选取。

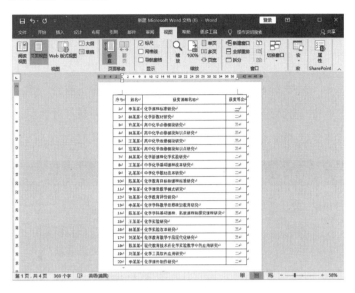

图 12-229

07 上一步创建好要打印的荣誉证书的数据源后，接下来就来连接数据源与打印模板。切换到"邮件"选项卡，在"开始邮件合并"选项组里单击"选择收件人"按钮，展开下拉列表，选择其中的"使用现有列表"选项，如图 12-230 所示。

08 选择"使用现有列表"选项后，弹出"选取数据源"对话框，在其中找到并选择数据源文件"建立打印奖状数据库"，然后单击"打开"按钮，如图 12-231 所示。

图 12-230

图 12-231

09 此时可以看到"邮件"选项卡下"编写和插入域"选项组中的"插入合并域"按钮被激活，如图 12-232 所示。这说明打印荣誉证书所用的数据源已经与打印荣誉证书所用的模板连接起来了。

图 12-232

10 先在"同志"文字前面单击，确定插入点光标。在"邮件"选项卡下的"编写和插入域"选项组中单击"插入合并域"按钮，打开"插入合并域"对话框，在对话框的"域"列表框中选择"姓名"选项，然后单击"插入"按钮，如图 12-233 所示。

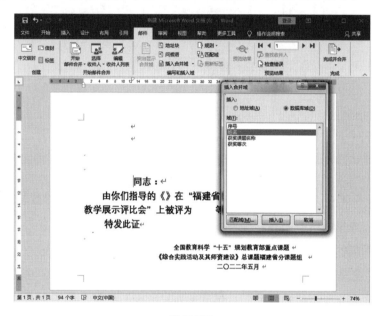

图 12-233

11 单击"插入"按钮后，在"同志"文字前面出现了"《姓名》"字样，如图 12-234 所示。

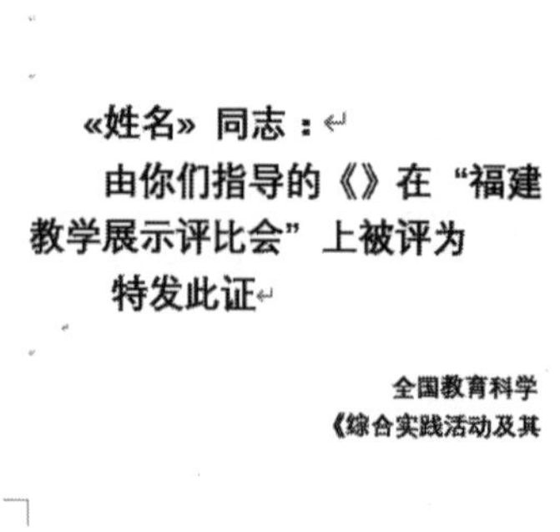

«姓名» 同志：
　　由你们指导的《》在"福建
教学展示评比会"上被评为
　　特发此证

　　　　　　全国教育科学
　　　　《综合实践活动及其

图 12-234

12 用同样的方法将"获奖课题名称""获奖等次"域插入相应的位置，出现对应的"《获奖课题名称》""《获奖等次》"字样，如图 12-235 所示。

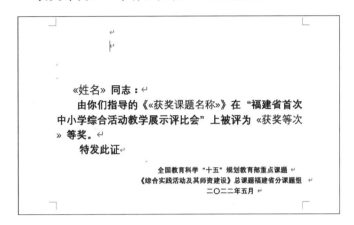

图 12-235

13 在"邮件"选项卡下的"预览结果"选项组中单击"预览结果"按钮，之前插入"《姓名》《获奖课题名称》《获奖等次》"字样的地方都显示了具体的内容，如图 12-236 所示。

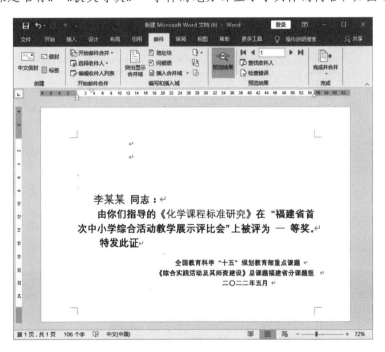

图 12-236

14 到这一步就可以将所有荣誉证书打印出来了。在"邮件"选项卡下的"完成"选项组中单击"完成并合并"按钮，展开下拉列表，在其中选择"编辑单个文档"选项，如图 12-237 所示。

图 12-237

15 选择"编辑单个文档"选项后，出现"合并到新文档"对话框，选择"全部"单选按钮，然后单击"确定"按钮，如图 12-238 所示。之后 Word 就会根据数据源中的项目生成全部 20 个荣誉证书的内容，并且显示在同一个文档中，如图 12-239 所示。此时就可以将全部的荣誉证书一次性打印出来。

图 12-238

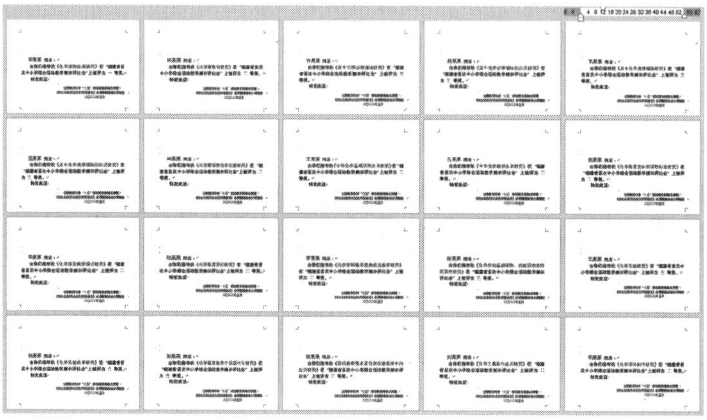

图 12-239

16 也可以用另一种方法打印证书。返回步骤**14**时的状态，单击"邮件"选项卡下"完成"选项组中的"完成并合并"按钮，在弹出的下拉列表中选择"打印文档"选项，如图 12-240 所示。

图 12-240

17 选择"打印文档"选项后，弹出"合并到打印机"对话框，选择"全部"单选按钮，然后单击"确定"按钮，也可以将全部的荣誉证书打印出来。

技巧 16：在 Word 文档中输入长画线

当我们需要在 Word 文档中快速输入一条长画线时，可以通过多次插入特殊字符来实现。下面就来介绍详细操作步骤。

01 启动 Word，打开要输入长画线的文档，切换到"插入"选项卡，单击"符号"选项组中的"符号"按钮，在弹出的下拉列表中选择"其他符号"选项，如图 12-241 所示。

图 12-241

02 弹出"符号"对话框，如图 12-242 所示，单击"特殊字符"标签。

03 切换到"特殊字符"选项卡，在其中选择"长划线[①]"选项，如图 12-243 所示。

图 12-242

图 12-243

04 在需要插入长画线的地方单击，然后多次单击"符号"对话框中的"插入"按钮，直到长画线的长度满足所需，如图 12-244 所示。单击的次数越多，长画线就越长。

图 12-244

---

① 正确的写法是"长画线"，这里写成"长划线"是为了和软件保持一致。

技巧 17：用 Word 批量打印婚帖

中国人在举办婚宴前，都会派发婚帖，邀请亲朋好友到现场祝贺。婚帖如果用人工一个一个地书写，不但书写速度较慢，而且写出来的字不一定好看。此时如果用 Word 批量打印婚帖，则会有四点好处：一是打印速度快，二是字体可以任意挑选，三是文字美观工整，四是打印质量有保证。

在使用 Word 批量打印婚帖前，首先要购买规格统一的婚帖纸，还需要制作一个打印模板。打印模板的制作要依据购买的婚帖纸的尺寸进行，这里我们选用的是市面上一款常见的婚帖纸（见图 12-245）。对这款婚帖纸进行测量，最终测得其尺寸为 10.5 厘米 ×18.5 厘米。制作打印模板时，先要将 Word 文档的纸张大小调整到与婚帖纸尺寸相同（可参照技巧 5），然后在文档中相应的位置绘制 16 个竖排文本框，并在框内填写相应内容。接着通过多次打印测试来调整文本框的位置，使最终打印出的文字均正确出现在婚帖纸相应的位置上。下面以参加人员姓名、称谓、席设、时间信息所在的 4 个文本框的调整为例来说明操作步骤。

01 新建一个空白 Word 文档，打开"页面设置"对话框，设置"纸张大小"为 10.5 厘米（宽度）×18.5 厘米（高度），使 Word 文档的尺寸和所购婚帖纸的尺寸相同，如图 12-246 所示。

图 12-245

图 12-246

02 在调整好尺寸的 Word 文档中对照婚帖纸里参加人员姓名、称谓、席设、时间的大致位置分别绘制竖排文本框，然后在各自的文本框里输入具体内容，如图 12-247 所示。

03 为了使打印在婚帖纸上的文本框与文本框之间不会因为互相交叠而盖住文字，要去除文本框的填充。选中参加人员姓名所在的文本框并右击，在弹出的快捷菜单中选择"设置形状格式"命令，如图 12-248 所示。

图 12-247　　　　　　　　　　　　图 12-248

04 此时在文档窗口右侧出现"设置形状格式"任务窗格，展开"填充"选项组，然后拖动最下方的"透明度"选项的滑块到 100% 以去除文本框的填充，如图 12-249 所示。使用同样的操作方法去除其他 3 个文本框的填充。

05 把婚帖纸放到打印机里进行测试打印，效果如图 12-250 所示。

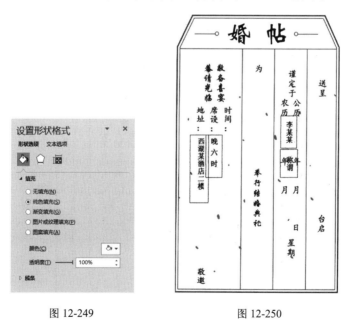

图 12-249　　　　　　　　　　　　图 12-250

06 从图 12-250 所示的打印效果来看，文本框整体相对于婚帖纸偏左和偏下了，需要将其向右和向上移动。这里以调整参加人员姓名所在的文本框的位置为例，介绍具体的调整步骤。单击选中参加人员姓名所在的文本框，如图 12-251 所示。通过多次按下键盘上的向右方向键和向上方向键进行微调，直到将文本框调整到自己认为合适的位置，此时文本框的位置如图 12-252 所示。

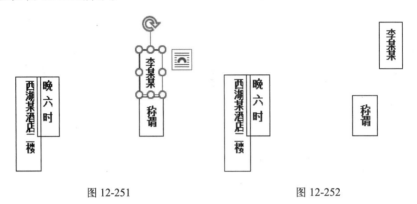

图 12-251   图 12-252

07 将步骤**05**中打印过的婚帖纸再次放到打印机里，然后将步骤**06**中调整后的文本框打印到婚帖纸上，并且为了方便比较调整前后的效果，用①标示此次打印出的文本框，如图 12-253 所示。

08 从图 12-253 所示的打印效果来看，参加人员姓名所在的文本框还是有些偏左，需要继续向右移动。用同样的方法移动文本框后再次进行打印，把这次打印出的文本框用②标示，效果如图 12-254 所示。可以看到，此时参加人员姓名所在的文本框已经调整到位。

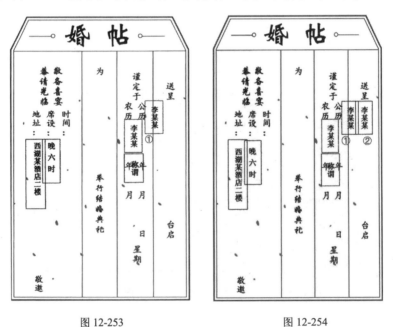

图 12-253   图 12-254

09 用同样的方法将其他文本框全部调整到位，调整后的效果如图 12-255 所示。

10 取一张新的婚帖纸放到打印机里打印，效果如图 12-256 所示，可以看到所有文本框都打印在婚帖纸的准确位置上。

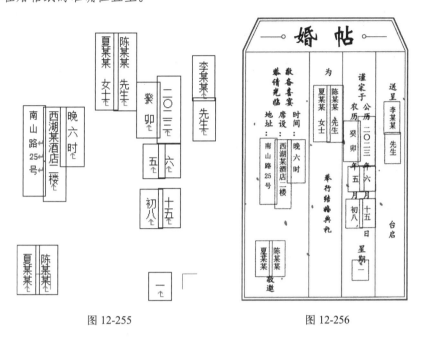

图 12-255　　　　　　　　　　　　　图 12-256

11 所有文本框都调整到位后，需要将它们组合起来，以防止误操作导致个别文本框错位，也便于同时调整所有文本框的位置。切换到"开始"选项卡，单击"编辑"选项组中"选择"按钮，在展开的下拉列表中选择"选择对象"选项，如图 12-257 所示。

图 12-257

12 按住鼠标左键不放，从左上方向右下方拖动框选全部文本框将其选中，然后单击鼠标右键，在弹出的快捷菜单中选择"组合"｜"组合"命令，如图 12-258 所示。这样所有被选中的文本框就组合成了一个整体，后面在打印过程中如果出现了错位的情况，只要调整整体文本框的位置即可，不用再逐个调整每个文本框的位置。

13 接下来去除所有文本框的边框线（前面步骤留下文本框的边框线，是为了方便选中文本框）。选中全部文本框并单击鼠标右键，在弹出的快捷菜单上方的浮动工具栏中单击"边框"按钮，然后在展开的下拉列表中选择"无轮廓"选项，如图 12-259 所示。

14 此时所有文本框的边框线都消失了，如图 12-260 所示。至此，婚帖的打印模板就制作好了。

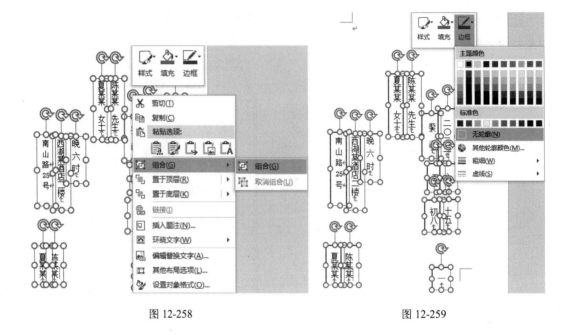

图 12-258

图 12-259

要想实现婚帖的批量打印，光有打印模板还不够，还需要与相关的数据源文件建立连接。这里的数据源文件的数据由承办婚宴方提供，内容主要是婚宴参加人员的姓名及称谓，如图 12-261 所示。将该文件命名为"婚帖名单一览表"并保存在系统桌面，以便于后面步骤中选取。数据源文件准备好后，即可连接打印模板和数据源文件了，具体操作步骤如下。

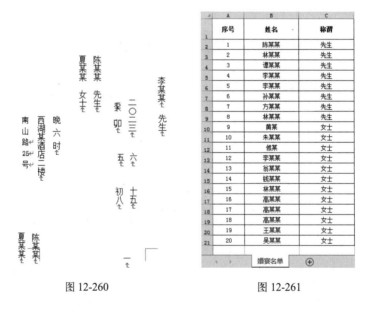

图 12-260

图 12-261

01 打开制作好的婚帖打印模板，切换到"邮件"选项卡，单击"开始邮件合并"选项组中的"选择收件人"按钮，在展开的下拉列表中选择"使用现有列表"选项，如图 12-262 所示。

图 12-262

02 在"选取数据源"对话框中选择数据源文件"婚帖名单一览表",单击"打开"按钮,如图 12-263 所示。在"选择表格"对话框中直接单击"确定"按钮,如图 12-264 所示。

图 12-263　　　　　　　　　　图 12-264

03 此时"邮件"选项卡下的"编写和插入域"选项组中的"插入合并域"按钮、"地址块"按钮被激活,如图 12-265 所示。

图 12-265

04 选中婚帖打印模板里的参加人员姓名"李某某",单击"邮件"选项卡下的"编写和插入域"选项组中的"插入合并域"下拉按钮,选择"姓名"选项,如图 12-266 所示。

05 选择"姓名"选项后,婚帖打印模板里的参加人员姓名"李某某"被"《姓名》"字样代替。接着选中婚帖打印模板里的文字"先生",单击"插入合并域"下拉按钮,在弹出的下拉列表中选择"称谓"选项,此时,婚帖打印模板里的文字"先生"被"《称谓》"字样代替,如图 12-267 所示。

06 在"邮件"选项卡的"预览结果"选项组中单击"预览结果"按钮,之后婚帖打印模板中参加人员姓名文本框里出现了具体的姓名,称谓文本框里出现了具体的称谓,如

图 12-268 所示。这说明婚帖打印模板与数据源文件"婚帖名单一览表"成功连接。

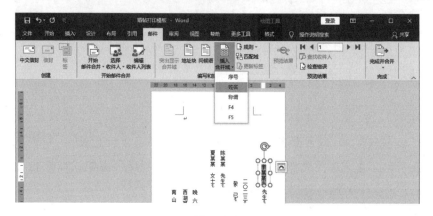

图 12-266

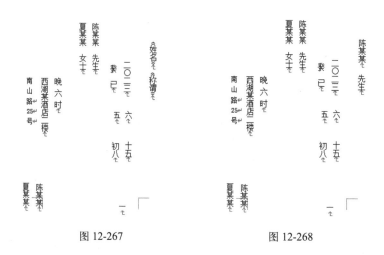

图 12-267　　　　　　　　　　图 12-268

现在就可以开始打印婚帖了，注意打印时不要一次性全部打印出来，因为长时间的打印操作有可能造成打印机的卡纸器松动，从而导致打印出来的文字错位。正确的操作是：打印一定时间后就对打印模板进行位置校准，建议一次打印 5~10 张为宜，因为本例数据源文件中正好有 20 条记录，所以可以一次打印 10 张，这样两次刚好打完。打印的方法依然是单击"邮件"选项卡下的"完成并合并"按钮，在弹出的下拉列表中选择"打印文档"选项，然后在打开的"合并到打印机"对话框中设置打印范围进行打印。

技巧 18：在 Word 文档中进行特殊页码的设置

我们在翻阅从书店购买的图书时，会发现序、前言、目录这些文前部分通常是没有页码的，有的图书的文前部分只有目录有页码并且是从 1 开始的，但通常图书的正文内容的页码都是从 1 开始的。默认状态下，Word 文档的页码都是从 1 开始的，并且是连续的，那么如何在 Word 文档中实现这样的特殊页码效果呢？下面就以一个有 10 页页面的 Word 文档为例介绍具体设置方法，并且实现以下三种页码设置效果。

1）实现第 1~3 页没有页码。

2）将第 4~7 页的页码设置成 1~4。

3）将第 8~10 页的页码设置成 1~3，即在一个 Word 文档中设置两个第 1 页。

下面先在 10 页的 Word 文档中实现上述 1）和 2）的效果，具体操作步骤如下。

01 启动 Word，新建一个空白文档，在按住 Ctrl 键的同时按 9 次 Enter 键，最终得到一个包含 10 页页面的 Word 文档，如图 12-269 所示。

图 12-269

02 拖动文档窗口右边的滚动条定位到第 4 页，将插入点光标置于第 4 页首行的开始处，然后单击"布局"选项卡下的"页面设置"选项组中的"分隔符"按钮，在弹出的下拉列表中选择"下一页"选项，如图 12-270 所示。

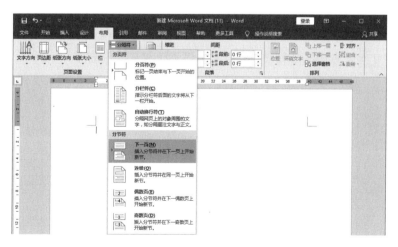

图 12-270

03 切换到"插入"选项卡，确保插入点光标依旧位于第 4 页首行的开始处，然后单击"页眉和页脚"选项组中的"页码"按钮，在展开的下拉列表中选择"设置页码格式"选项，如图 12-271 所示。

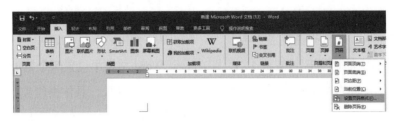

图 12-271

04 在弹出的"页码格式"对话框的"页码编号"选项组中选中"起始页码"单选按钮，此时其后的数值框内默认显示数字 1，直接单击"确定"按钮，如图 12-272 所示。

05 单击"页眉和页脚"选项组中的"页码"按钮，在展开的下拉列表中选择"页面底端"选项，在展开的级联列表中选择页码居中显示的"普通数字 2"选项，如图 12-273 所示。

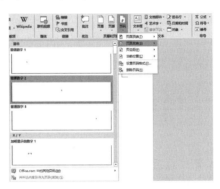

图 12-272   图 12-273

06 此时会自动打开"页眉和页脚工具 - 设计"选项卡，在"关闭"选项组中单击"关闭页眉和页脚"按钮。可以看到，Word 文档的 10 个页面都有了页码，如图 12-274 所示（这里为了方便读者能够看清文档页码，将页码的字号设置成了"初号"）。

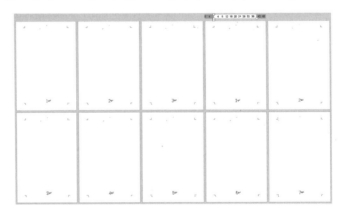

图 12-274

07 在第 1 页的底部双击页码"1"，切换到"页眉和页脚工具 - 设计"选项卡，勾选该选项卡中的"首页不同"复选框，此时页码"1"消失了，如图 12-275 所示。单击"关闭页眉和页脚"按钮，此时的页码效果如图 12-276 所示。

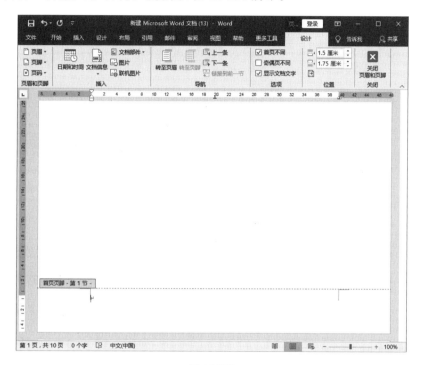

图 12-275

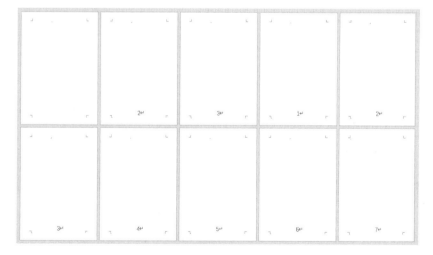

图 12-276

08 现在去除第 2 页的页码。将插入点光标置于第 2 页首行的开始处，单击"布局"选项卡下的"页面设置"选项组中的"分隔符"按钮，在弹出的下拉列表中选择"下一页"选项，此时第 2 页的页码消失，如图 12-277 所示。

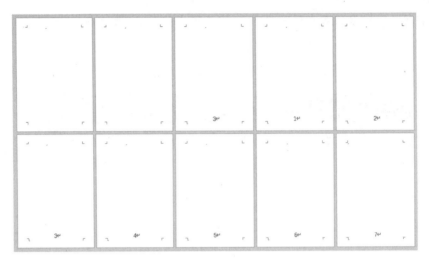

图 12-277

09 现在去除第 3 页的页码。将插入点光标置于第 3 页首行的开始处，单击"布局"选项卡下"页面设置"选项组中的"分隔符"按钮，在弹出的列表中选择"下一页"选项，此时第 3 页的页码消失，如图 12-278 所示。可以看到，第 4~7 页的页码也被设置成了 1~4。

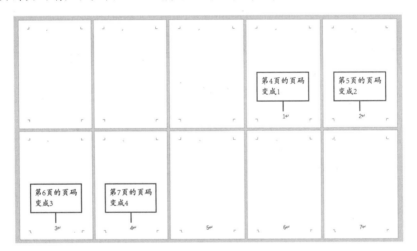

图 12-278

接着实现将第 8~10 页的页码设置成 1~3，即在一个 Word 文档中设置两个第 1 页，具体步骤如下。

01 定位到 10 页 Word 文档的第 8 页，将插入点光标置于首行的开始处，单击"布局"选项卡下的"页面设置"选项组中的"分隔符"按钮，在弹出的下拉列表中选择"下一页"选项，如图 12-279 所示。

02 此时第 8 页的页码变为 1，第 9 页的页码变为 2，第 10 页的页码变为 3。这样就完成了将第 8~10 页的页码设置成 1~3 的要求，如图 12-280 所示。

图 12-279

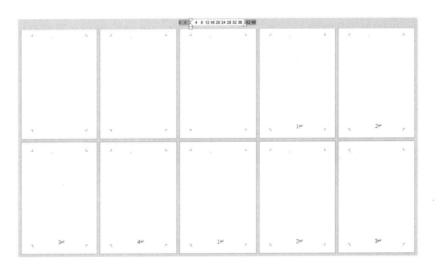

图 12-280

技巧 19：在 Excel 表格中快速输入只是后几位不同的长串数字

在高等学校函授学籍管理中，会发现学生的学号、毕业证书号等都是开头相同、只有后几位数字不同的长串数字，如图 12-281 所示。像这种长串数字如果逐个输入会非常麻烦且容易出错，此时我们可以通过在 Excel 工作表中自定义单元格格式的方法来简化输入过程。这样，用户只需输入每项数据中变化的部分，而相同的开头部分会由软件自动添加。

函授毕业证书签领单					
序号	毕业证书号	学号	姓名	签领	备注
1	505915200406002712	000142055	郑某某		
2	505915200406002713	010451001	应某某		
3	505915200406002714	010451002	乐某某		
4	505915200406002715	010451003	郑某某		
5	505915200406002716	010451004	邱某某		
6	505915200406002717	010451005	陈某		
7	505915200406002718	010451006	洪某某		
8	505915200406002719	010451007	魏某某		
9	505915200406002720	010451008	陈某某		
10	505915200406002721	010451009	吴某某		
11	505915200406002722	000142055	纪某某		

图 12-281

从图 12-281 可以看出，毕业证书号的前 16 位数字是完全相同的，只有最后两位数字不同。由于最后两位数字是按从小到大的顺序排列的，因此可以利用这个特点先在工作表中输入所有的最后两位数字，而前 16 位数字通过设置单元格格式即可快速输入。下面介绍输入毕业证书号的具体方法。

01 启动 Excel，新建一个工作表，在 A1、A2 单元格中分别输入 12 和 13，然后同时选中 A1 和 A2 单元格，将鼠标指针移动到 A2 单元格的右下角，当鼠标指针变成十字形时，按住鼠标左键向下拖曳到 A11 单元格。松开鼠标左键后可以看到，A3~A11 单元格中都自动填充了数字，并且是按照从小到大顺序排列的序列，如图 12-282 所示。这样毕业证书号的最后两位数字就输入好了。

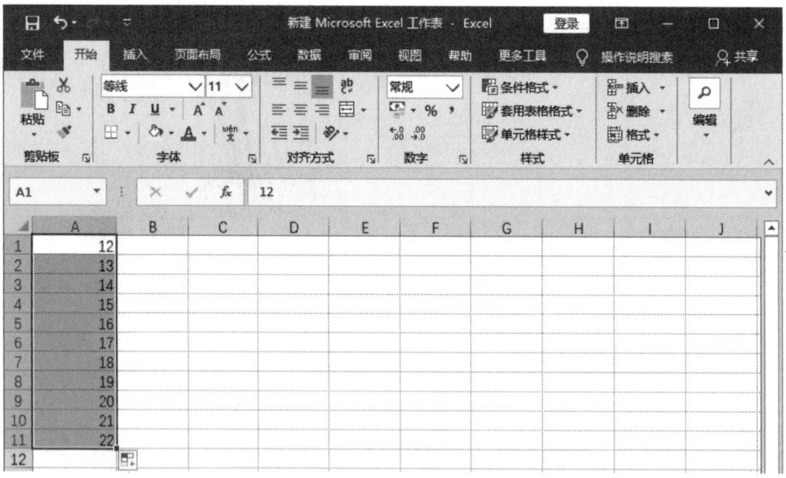

图 12-282

02 现在输入毕业证书号前 16 位数字，因为前 16 位数字相同，所以可利用设置单元格格式的方式来完成快速输入。在 Excel 工作表中同时选中 A1~A11 单元格，然后单击"开始"选项卡下"对齐方式"选项组右下角的对话框启动器，如图 12-283 所示。

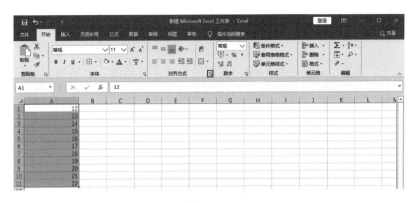

图 12-283

03 打开"设置单元格格式"对话框后，切换到"数字"选项卡，在"分类"列表框中选择"自定义"选项，然后在"类型"列表框中拖动滚动条找到并选择"@"选项，此时"类型"下面的文本框中显示"@"，如图 12-284 所示。

04 在"类型"下面的文本框中删除@，然后切换到英文输入状态，输入"5059152004060027"00，单击"确定"按钮，如图 12-285 所示，就完成了毕业证书号的输入，如图 12-286 所示。

图 12-284

图 12-285

	A	B	C	D
1	5059152004406002712			
2	5059152004406002713			
3	5059152004406002714			
4	5059152004406002715			
5	5059152004406002716			
6	5059152004406002717			
7	5059152004406002718			
8	5059152004406002719			
9	5059152004406002720			
10	5059152004406002721			
11	5059152004406002722			

图 12-286

技巧 20：更改多页 Excel 表格的起始页页码

默认情况下，多页 Excel 表格的起始页页码是从 1 开始的；有特殊需要时，可以将起始页页码更改为其他数字。下面以设置起始页页码为 6 为例介绍具体的设置方法。

01 打开一个包含有 10 页内容的 Excel 表格，切换到"页面布局"选项卡，单击"页面设置"选项组右下角的对话框启动器，如图 12-287 所示。

图 12-287

02 此时弹出的"页面设置"对话框的"起始页码"文本框中显示"自动"，如图 12-288 所示。这里要设置起始页页码为 6，因此在"起始页码"文本框中删除"自动"两个字，输入 6，如图 12-289 所示，然后单击"确定"按钮，即可设置该 Excel 表格的第 1 页页码从 6 开始。

图 12-288

图 12-289

使用上述方法可以实现将 Excel 表格第 1 页的页码设置为所需数字。

技巧 21：按照指定顺序快速排列 Excel 表格中的信息

我们在处理 Excel 表格时经常会遇到各列信息不是按照所需的顺序排列的情况，例如图 12-290 所示的工作表中，学号、性别这些通常情况下应该排在最前面的重要信息被排列到了后面，从而严重影响了重要信息的读取，因此需要调整信息的排列顺序。

	A	B	C	D	E	F	G	H	I	J
1	序号	姓名	录取页码	身份证号码	学号	联系电话	联系地址	邮编	性别	备注
2	1	邱某某	BP5-88	350102198104274220	070131055	059124837285	永泰县泗洲路90号	350700	男	06中本
3	2	林某某	BP4-72	350102198104274220	070131056	05966785119	福建省龙海市角美镇东山村300号	363107	女	06中本
4	3	郑某某	BP14-263	350102198104274220	070131057	05966662876	龙海市颜厝镇古县庵前村120	363118	女	06中本
5	4	黄某某	BP32-638	350102198104274220	070131203	059126977207	罗源县碧里瀺澳小学	350602	女	06罗源
6	5	尤某某	BP24-474	350102198104274220	070131204	059123375361	罗源鉴江中心小学	350603	女	06罗源
7	6	陈某	BP18-351	350102198104274220	070131205	059126805320	罗源县起步镇兰田村300号	350604	女	06罗源
8	7	吴某某	BP20-385	350102198104274220	070131206	059126855696	罗源县阳光小区14座500室	350600	女	06罗源
9	8	游某某	BP21-410	350102198104274220	070131207	059126932782	福建罗源洪洋70号	350605	男	06罗源
10	9	郑某某	BP22-435	350102198104274220	070131208	059123396963	罗源阳光小区八号楼609号	350600	男	06罗源
11	10	尤某某	BP9-168	350102198104274220	070131209	059123368693	罗源县鉴江镇下刘里路70号	350603	男	06罗源
12	11	游某某	BP9-169	350102198104274220	070131210	059126875822	罗源县嘉禾花园11座700号	350600	男	06罗源
13	12	黄某某	BP3-54	350102198104274220	070131211	059123389379	福建省福州市罗源县起步镇起步村过桥	350600	男	06罗源
14	13	黄某某	BP12-239	350102198104274220	070131212	059126962595	福建省罗源县霍口乡东宅村40号	350610	女	06罗源
15	14	胡某某	BP21-411	350102198104274220	070131213	0591-26816815	罗源县中房中学	350606	女	06罗源
16	15	林某某	BP16-309	350102198104274220	070131214	059126802530	福州罗源金福花园10#390	350600	女	06罗源
17	16	林某某	BP27-525	350102198104274220	070131215	059126991681	罗源县鉴江镇东门路90号	350603	女	06罗源
18	17	范某某	BP1-8	350102198104274220	070131216	059126867836	罗源城关岐阳路150号	350600	男	06罗源
19	18	郑某某	BP31-603	350102198104274220	070131217	059128889944	罗源县中房中学	350606	男	06罗源
20	19	尤某某	BP17-330	350102198104274220	070131218	059126993071	罗源县鉴江镇上沃村90号	350603	女	06罗源
21	20	甘某某	BP1-14	350102198104274220	070131219	059126993071	福建省罗源县西兰乡甘眉村50号	350608	女	06罗源

图 12-290

　　为了便于调整排列顺序，我们在目前所有信息名称所在行（第一行）的上方添加一行，用于标示信息名称排列位置的"排列号数"，然后通过对该行中的排列号数进行排序来达到调整与之对应的信息列的目的。调整前为当前的每一个信息名称添加它理应出现的位置的序号（即排列号数），如表 12-1 所示。例如，原本"学号"信息排在第 5 列，而我们希望该列出现在第 2 列的位置，因此就指定该列信息的排列号数为 2，以此类推。

表 12-1

排列号数	信息名称
1	序号
3	姓名
5	录取页码
6	身份证号码
2	学号
8	联系电话
9	联系地址
7	邮编
4	性别
10	备注

　　下面介绍具体的调整步骤。

　　01 启动 Excel，打开学生信息工作表，在工作表首行最左侧的行号处单击，选中该行，然后单击鼠标右键，在弹出的快捷菜单中选择"插入"命令，如图 12-291 所示。

　　02 此时，在 Excel 工作表的表头位置插入了一个空白行，如图 12-292 所示。

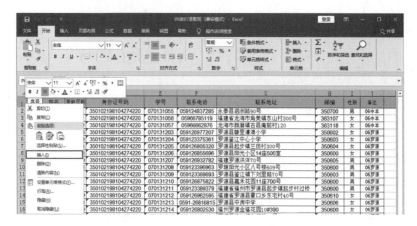

图 12-291

图 12-292

03 按照表 12-1，在步骤 **02** 插入的空白行中输入各类信息名称对应的排列号数，然后选中全部表格内容，如图 12-293 所示。

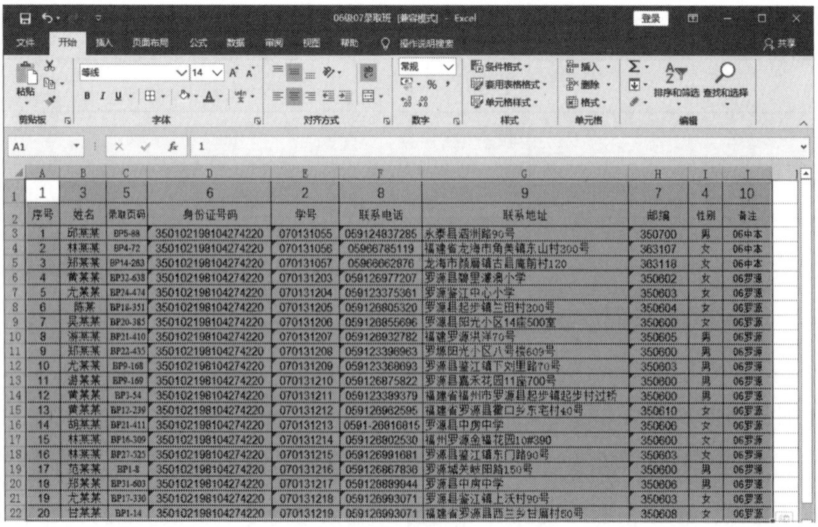

图 12-293

04 选中全部表格内容后，单击"开始"选项卡下"编辑"选项组中的"排序和筛选"按钮，在展开的下拉列表中选择"自定义排序"选项，如图 12-294 所示。

图 12-294

05 在打开的"排序"对话框中单击"选项"按钮，如图 12-295 所示。弹出"排序选项"对话框后，在"方向"选项组中选中"按行排序"单选按钮，然后单击"确定"按钮，如图 12-296 所示。

图 12-295　　　　　　　　　　　　　图 12-296

06 返回"排序"对话框后，单击"主要关键字"下拉按钮，在弹出的下拉列表中选择"行 1"选项，然后单击"确定"按钮，如图 12-297 所示。

图 12-297

07 此时，表头位置各类信息的排列号数会自动按从小到大的顺序排列，在排列号数调整的同时，与之对应的各列信息也会跟着自动调整，最终即可得到我们所需的排序，如图 12-298 所示。

08 调整完毕后，将排列号数行（即第一行）删除，并对各类信息列的列宽进行调整（因为自动排序后，各类信息列的列宽并不会跟着一起调整），最终效果如图 12-299 所示。

1	2	3	4	5	6	7	8	9	10
序号	学号	姓名	性别	录取页码	身份证号码	邮编	联系电话	系地址	备注
1	7013105	邱某某	男	BP5-88	01021981042742	350700	5912483728	永泰县	06中本
2	7013105	林某某	女	BP4-72	01021981042742	363107	596678511	福建省	06中本
3	7013105	郑某某	女	BP14-263	01021981042742	363118	596666287	龙海市	06中本
4	7013120	黄某某	女	BP32-638	01021981042742	350602	5912697720	罗源县	06罗源
5	7013120	尤某某	女	BP24-474	01021981042742	350603	5912337536	罗源鉴	06罗源
6	7013120	陈某	女	BP18-351	01021981042742	350604	5912680532	罗源县	06罗源
7	7013120	吴某某	女	BP20-385	01021981042742	350600	5912685569	罗源县	06罗源
8	7013120	游某某	男	BP21-410	01021981042742	350605	5912693278	福建罗	06罗源
9	7013120	郑某某	男	BP22-435	01021981042742	350600	5912339696	罗塬阳	06罗源
10	7013120	尤某某	男	BP9-168	01021981042742	350603	5912336869	罗源县	06罗源
11	7013121	游某某	男	BP9-169	01021981042742	350600	5912687582	罗源县	06罗源
12	7013121	黄某某	男	BP3-54	01021981042742	350600	5912338937	福建省	06罗源
13	7013121	黄某某	女	BP12-239	01021981042742	350610	5912696259	福建省	06罗源
14	7013121	胡某某	女	BP21-411	01021981042742	350606	591-2681681	罗源县	06罗源
15	7013121	林某某	女	BP16-309	01021981042742	350600	5912680253	福州罗	06罗源
16	7013121	林某某	女	BP27-525	01021981042742	350603	5912699168	罗源县	06罗源
17	7013121	范某某	男	BP1-8	01021981042742	350600	5912686783	罗源城	06罗源
18	7013121	郑某某	男	BP31-603	01021981042742	350606	5912688994	罗源县	06罗源
19	7013121	尤某某	女	BP17-330	01021981042742	350603	5912699307	罗源县	06罗源
20	7013121	甘某某	女	BP1-14	01021981042742	350608	5912699307	福建省	06罗源

图 12-298

序号	学号	姓名	性别	录取页码	身份证号码	邮编	联系电话	联系地址	备注
1	070131055	邱某某	男	BP5-88	350102198104274220	350700	059124837285	永泰县泗洲路90号	06中本
2	070131056	林某某	女	BP4-72	350102198104274220	363107	05966785119	福建省龙海市角美镇东山村300号	06中本
3	070131057	郑某某	女	BP14-263	350102198104274220	363118	05966662876	龙海市颜厝镇古县庵前村120	06中本
4	070131203	黄某某	女	BP32-638	350102198104274220	350602	059126977207	罗源县碧里濂澳小学	06罗源
5	070131204	尤某某	女	BP24-474	350102198104274220	350603	059123375361	罗源鉴江中心小学	06罗源
6	070131205	陈某	女	BP18-351	350102198104274220	350604	059126805320	罗源县起步镇兰田村300号	06罗源
7	070131206	吴某某	女	BP20-385	350102198104274220	350600	059126855696	罗源县阳光小区14座500室	06罗源
8	070131207	游某某	男	BP21-410	350102198104274220	350605	059126932782	福建罗源洪洋70号	06罗源
9	070131208	郑某某	男	BP22-435	350102198104274220	350600	059123396963	罗塬阳光小区八号楼609号	06罗源
10	070131209	尤某某	男	BP9-168	350102198104274220	350603	059123368693	罗源县鉴江镇下刘里路70号	06罗源
11	070131210	游某某	男	BP9-169	350102198104274220	350600	059126875822	罗源县嘉禾花园11座700号	06罗源
12	070131211	黄某某	男	BP3-54	350102198104274220	350600	059123389379	福建省福州市罗源县起步镇起步村过桥	06罗源
13	070131212	黄某某	女	BP12-239	350102198104274220	350610	059126962595	福建省罗源县霍口乡东宅村40号	06罗源
14	070131213	胡某某	女	BP21-411	350102198104274220	350606	0591-26816815	罗源县中房中学	06罗源
15	070131214	林某某	女	BP16-309	350102198104274220	350600	059126802530	福州罗源金福花园10#390	06罗源
16	070131215	林某某	女	BP27-525	350102198104274220	350603	059126991681	罗源县鉴江镇东门路90号	06罗源
17	070131216	范某某	男	BP1-8	350102198104274220	350600	059126867836	罗源城关岐阳路150号	06罗源
18	070131217	郑某某	男	BP31-603	350102198104274220	350606	059128889944	罗源县中房中学	06罗源
19	070131218	尤某某	女	BP17-330	350102198104274220	350603	059126993071	罗源县鉴江镇上沃村90号	06罗源
20	070131219	甘某某	女	BP1-14	350102198104274220	350608	059126993071	福建省罗源县西兰乡甘厝村50号	06罗源

图 12-299

技巧 22：调整 Excel 表格内输入文字的行间距

我们经常使用 Excel 表格制作个人履历表，其中个人简历栏里往往会输入大段文字，此时默认显示的文字行间距非常小，显得既不美观又不利于阅读。那么应该怎样处理才能解决这种文字行间距过小的问题呢？下面就以某高校教师 2011 学年度考核（绩效考评）登记表中文字的调整为例介绍具体的解决方法。

01 在行间距偏小的个人总结文字中单击，如图 12-300 所示，确定插入点光标，然后单击“开始”选项卡下“对齐方式”选项组右下角的对话框启动器，打开“设置单元格格式”对话框，单击“垂直对齐”下方的下拉按钮，在展开的下拉列表中选择“分散对齐”选项，然后单击“确定”按钮，如图 12-301 所示。

02 此时可以看到个人总结文字的行间距已经变大，如图 12-302 所示。

03 通过用鼠标拖曳下边框线可以使文字行间距继续变大。若最后一行文字顶到下边框线，则可以通过在最后一行文字的末尾处双击，然后按快捷键 Alt + Enter，再用鼠标拖曳下边框线到行高最大值来解决（如果觉得不够宽，还可以加行并进行合并来解决），如图 12-303 所示。

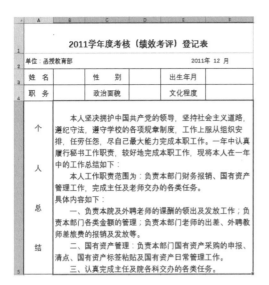

图 12-300

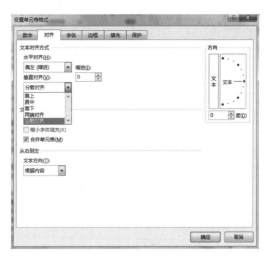

图 12-301

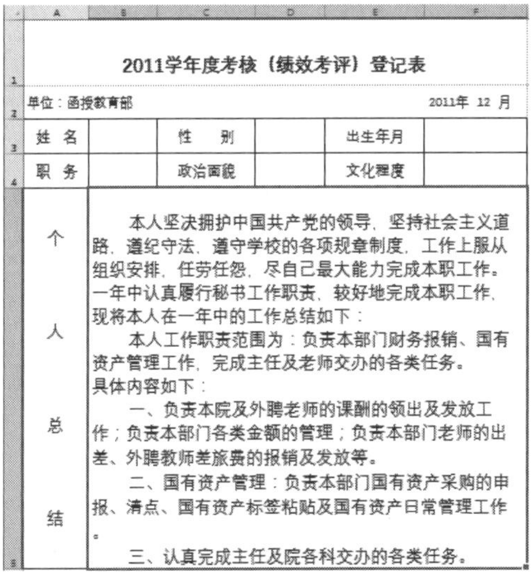

图 12-302

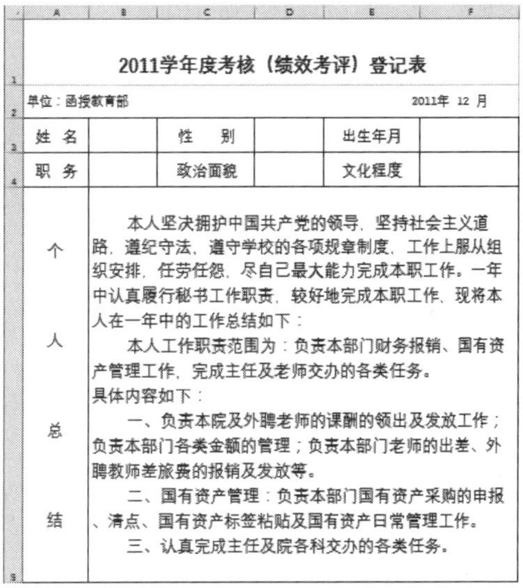

图 12-303

技巧 23：在 Excel 表格中筛选出具有相同字段的信息

在高等学校办学中，会收集各个地区中学、职业学校、高等学校的各类信息，其中包含学校名称、所在地址等信息，所收集的信息会被分门别类地录入相关 Excel 表格中，以便于日后检索查询。例如，当我们需要查看"福清"地区的学校的信息时，就可以利用 Excel 表格的筛选功能快速筛选出包含"福清"字段的所有信息，具体操作步骤如下。

01 打开一张包含福建省全省各类学校的学校名称、联系人、地址等信息的 Excel 表格，如图 12-304 所示。下面准备从中筛选出地址中包含"福清"的所有学校信息。

02 选中除标题外的整张表格，单击"开始"选项卡下"编辑"选项组中的"排序和筛选"按钮，然后在展开的下拉列表中选择"筛选"选项，此时选中表格的表头各单元格中都出现了下拉按钮，如图 12-305 所示。

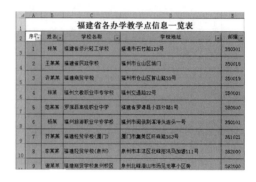

图 12-304   图 12-305

03 在表头部分的"学校地址"单元格中单击下拉按钮，展开下拉列表，在其中选择"文本筛选"选项，然后在展开的级联列表中选择"自定义筛选"选项，如图 12-306 所示。

04 此时会弹出"自定义自动筛选方式"对话框，如图 12-307 所示。

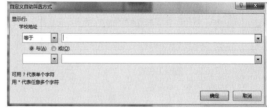

图 12-306   图 12-307

05 在"自定义自动筛选方式"对话框的第一行第一个下拉列表中选择"等于"选项，在后面的文本框里输入"＊福清＊"（＊为半角状态），接着在第二行第一个下拉列表中选择"等于"选项，然后在后面的文本框里同样输入"＊福清＊"（＊为半角状态），最后单击"确定"按钮。这样表格就自动筛选出地址中包含"福清"二字的学校信息，如图12-308 所示。

▲	A	B	C	D	E
1			福建省各办学教学点信息一览表		
2	序号	姓名	学校名称	学校地址	邮编
3	1	林某	福建省侨兴轻工学校	福清市石竹路123号	350301
41	39	王某某	福州第二高级技工学校	福清市宏路街道东坪村路西62号	350300
57	55	林某某	闽江职业技术学校	福清市融侨经济开发区上	350300
60	58	陈某某	福清继续教育中心	福清市龙江街道下梧村	353000
62	60	陈某某	福清龙江职业技术学校	福清市阳下街道圣帝桥8号	350300
63	61	郑某某	福清市职业技术学校	福清宏路玻璃岭1号	350300
64	62	李某某	福清龙华职业中专学校	福建省福清融城文兴路60号	350300

图 12-308

> **提示：**在"福清"前后加通配符 *，表示"福清"前后可以有任意多个文字，如"福建省福清融城文兴路 60 号"。
>
> 选中筛选出来的表格内容，按快捷键 Alt ＋；（；为英文半角状态），然后复制到一个新的工作表中，这样复制得到的就只是筛选出来的内容，不包含因为筛选而被隐藏的内容；如果不按快捷键 Alt ＋；直接复制，则复制得到的内容就会包含因为筛选而被隐藏的内容，即复制的是全部的表格内容。

技巧 24：制作一个能查询参赛选手各类信息的 Excel 表格

在制作这个表格之前，要先有一组能反映各参赛选手基本信息的数字，这里我们就以福建省中小学教师教学技能大赛参赛选手郑某某为例来进行介绍。选手郑某某的学员代码为 0110105，该代码共有 7 位数字，这 7 位数字各自代表的含义如图 12-309 所示。学员代码编码细则说明如图 12-310 所示。

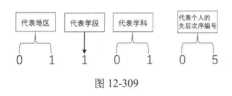

图 12-309

根据图 12-309 和图 12-310 可以看出，代码为 0110105 的学员是省

学员代码编码细则说明

1.第 1 位至第 2 位数字，代表地区。由两位数字组成，号数为 01~11。	地区														
	01	02	03	04	05	06	07	08	09	10	11				
省直属学校	福州	莆田	泉州	厦门	漳州	龙岩	三明	南平	宁德	平潭综合实验区					

2．第 3 位，代表学段。由一位数字组成，号数为 1~4。	学段			
	1	2	3	4
	高中	初中	小学	幼儿园

3．第 4 位到第 5 位数值，代表学科。由两位数字组成，高中段学科的号数为 01~15，初中段学科的号数为 01~13，小学段学科的号数为 01~09，幼儿园段不分学科，用 00 表示。	高中段学科														
	01	02	03	04	05	06	07	08	09	10	11	12	13	14	15
	语文	数学	英语	物理	化学	生物	历史	地理	思想政治	体育	音乐	美术	信息技术	通用技术	综合实践
	初中段学科														
	01	02	03	04	05	06	07	08	09	10	11	12	13		
	语文	数学	英语	物理	化学	生物	历史	地理	思想品德	体育	音乐	美术	综合实践		
	小学段学科														
	01	02	03	04	05	06	07	08	09						
	语文	数学	英语	品德与生活	体育	音乐	美术	科学	综合实践						

幼儿园段不分学科，用 00 表示。															
	代表个人，根据先后次序编号。														
4．第 6 位到第 7 位数字，代表个人。由两位数字组成，号数为 01~62。	01	02	03	04	05	06	07	08	09	10	11	12	13	14	15
	16	17	18	19	20	21	22	23	24	25	26	27	28	29	30
	31	32	33	34	35	36	37	38	39	40	41	42	43	44	45
	46	47	48	49	50	51	52	53	54	55	56	57	58	59	60
	61	62													

图 12-310

直属学校的学生，学段是高中，学科是语文，并且这名学员排在第 05 位。按照学员代码编码细则在 Excel 表格中输入所有学员信息，得到福建省中小学教师教学技能大赛参赛选手表，以便我们查找各类信息，如图 12-311 所示。

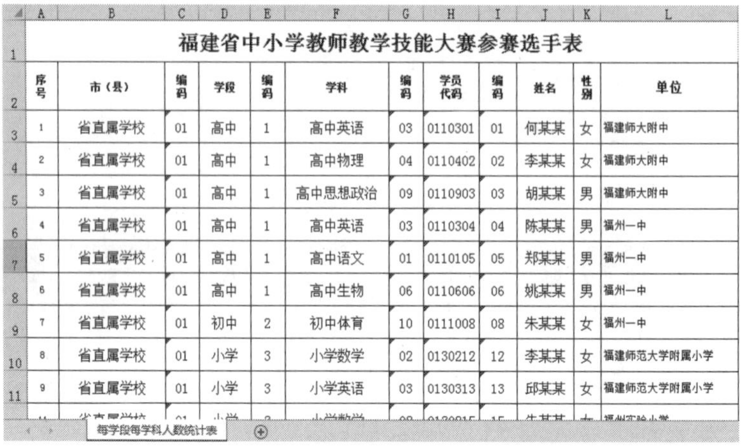

图 12-311

有了按学员代码编码细则制作好的 Excel 表格就可以查询各类信息了，例如，查询男女学员各有多少名，以方便安排学员住宿，具体查询步骤如下。

01 选中除标题行外的内容部分，切换到"开始"选项卡，然后单击"编辑"选项组中的"排序和筛选"按钮，在弹出的下拉列表中选择"筛选"选项，如图 12-312 所示。

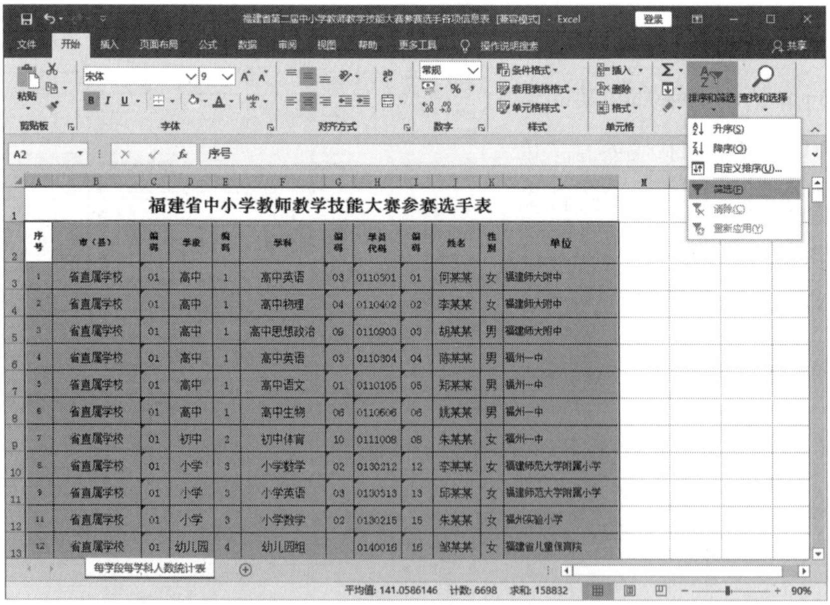

图 12-312

02 此时，表头的每个单元格右下角都出现了下拉按钮，如图 12-313 所示。

图 12-313

03 在表头行中单击"性别"单元格的下拉按钮，在弹出的下拉列表中选择"升序"选项，如图 12-314 所示。

图 12-314

04 可以看到，此时选手信息按性别从男到女进行排列，如图 12-315 所示。

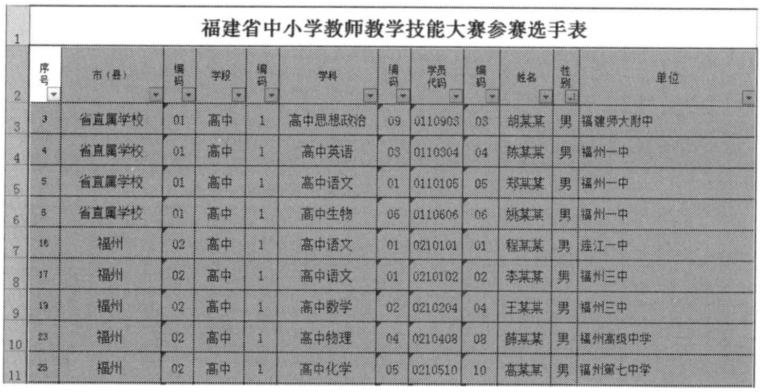

	序号	市（县）	编码	学段	编码	学科	编码	学员代码	编码	姓名	性别	单位
3	3	省直属学校	01	高中	1	高中思想政治	09	0110903	03	胡某某	男	福建师大附中
4	4	省直属学校	01	高中	1	高中英语	03	0110304	04	陈某某	男	福州一中
5	5	省直属学校	01	高中	1	高中语文	01	0110105	05	郑某某	男	福州一中
6	6	省直属学校	01	高中	1	高中生物	06	0110606	06	姚某某	男	福州一中
7	16	福州	02	高中	1	高中语文	01	0210101	01	程某某	男	连江一中
8	17	福州	02	高中	1	高中语文	01	0210102	02	李某某	男	福州三中
9	19	福州	02	高中	1	高中数学	02	0210204	04	王某某	男	福州三中
10	23	福州	02	高中	1	高中物理	04	0210408	08	薛某某	男	福州高级中学
11	25	福州	02	高中	1	高中化学	05	0210510	10	高某某	男	福州第七中学

图 12-315

05 切换到"数据"选项卡，单击"分级显示"选项组中的"分类汇总"按钮，如图 12-316 所示。

图 12-316

Word/Excel 办公应用实战

06 弹出"分类汇总"对话框后，单击"分类字段"下拉按钮，在弹出的列表中选择"性别"选项，再单击"汇总方式"下拉按钮，在弹出的列表中选择"计数"选项，然后在"选定汇总项"列表框中找到并勾选"性别"选项，最后单击"确定"按钮，如图 12-317 所示。

07 单击工作界面左侧出现的级别"2"按钮，这样将会按性别分别统计出男、女参赛选手的人数，如图 12-318 所示。

图 12-317　　　　　　　　　　　　　　　图 12-318

08 接着用同样的方法统计出各地区参加高中学段比赛的人数以及参加高中学段比赛的总人数。选中有内容的部分，切换到"数据"选项卡，然后在"分级显示"选项组中单击"分类汇总"按钮，如图 12-319 所示。

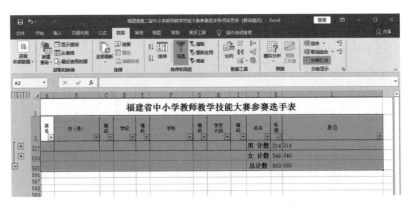

图 12-319

09 在弹出的"分类汇总"对话框中单击"全部删除"按钮，如图 12-320 所示。

10 此时表格恢复到按性别排序的状态，然后在表头行找到"市（县）"单元格，单击该单元格的下拉按钮，在弹出的下拉列表中选择"升序"选项，如图 12-321 所示。

11 此时，各地区的选手都分类排列到一起了。单击表头行内"学段"右侧的"编码"单元格的下拉按钮，在展开的下拉列表中取消勾选"全选"复选框，如图 12-322 所示。

12 根据前面的学员代码编码细则说明，勾选"1"复选框并单击"确定"按钮，如

图 12-323 所示，也就是筛选出参加高中学段比赛的选手。

<table>
<tr><td>图 12-320</td><td>图 12-321</td></tr>
</table>

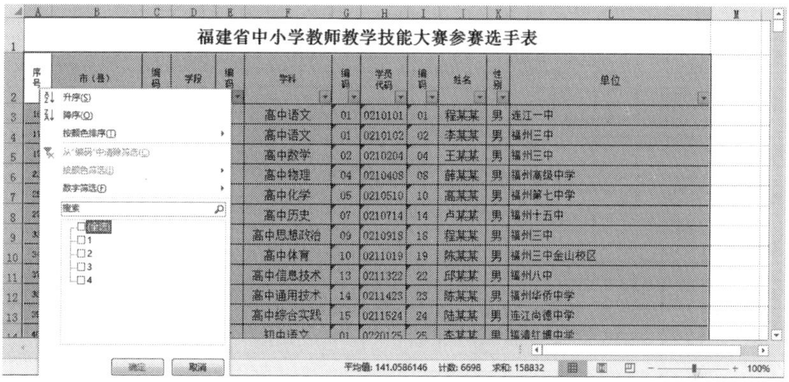

图 12-322

图 12-323

13 筛选出参加高中学段比赛选手部分后，切换到"数据"选项卡，然后在"分级显示"选项组中单击"分类汇总"按钮，如图 12-324 所示。

14 弹出"分类汇总"对话框后，在"分类字段"下拉列表中选择"市（县）"选项，在"汇总方式"下拉列表中选择"计数"选项,在"选定汇总项"列表框中勾选"学段"复选框,然后单击"确定"按钮,如图12-325所示。

图 12-324

图 12-325

15 此时,各地区参加高中学段比赛的人数及参加高中学段比赛的总人数就统计出来了,如图12-326所示(通过拖动滚动条就可以看到各地区的具体人数,由于表格太长,这里只截取了显示统计人数的行)。其他如初中、小学、幼儿园学段的同类信息可以用同样的方法统计出来。

福州 计数	24							24
龙岩 计数	24							24
南平 计数	24							24
宁德 计数	24							24
平潭综合实验区 计数	2							2
莆田 计数	24							24
泉州 计数	24							24
三明 计数	24							24
厦门 计数	24							24
省直属学校 计数	6							6
漳州 计数	24							24
总计数	224							224

图 12-326

16 现在来统计高中学段各学科参加比赛的人数。在表格里选中除标题行外的所有内容,然后切换到"数据"选项卡,在"分级显示"选项组中单击"分类汇总"按钮,弹出"分类汇总"对话框,单击"全部删除"按钮。恢复到高中学段筛选部分后,切换到"开始"选项卡,单击"编辑"选项组中的"排序和筛选"按钮,在展开的列表中选择"自定义排序"选项,如图12-327所示。

17 弹出"排序"对话框后,在"主要关键字"下拉列表中选择"市(县)"选项,如图12-328所示。

18 在"排序"对话框中单击"添加条件"按钮,添加"次要关键字"选项。然后在"次要关键字"下拉列表中选择"学科"选项，单击"确定"按钮，如图 12-329 所示。

图 12-327

图 12-328

图 12-329

19 此时，各地区高中学段的各学科都归类排列在一起，如图 12-330 所示（由于表格太长，这里只展示了福州地区的部分内容）。切换到"数据"选项卡，然后在"分级显示"选项组中单击"分类汇总"按钮，打开"分类汇总"对话框，在对话框的"分类字段"下拉列表中选择"学科"选项，在"汇总方式"下拉列表中选择"计数"选项，在"选定汇总项"列表框中勾选"学科"复选框，单击"确定"按钮，如图 12-331 所示。

图 12-330　　　　　　　　　　图 12-331

20 这样就统计出了高中学段各地区各学科参加比赛的人数，如图 12-332~图 12-335 所示（通过拖动滚动条就可以查看高中学段各地区各学科参加比赛的人数，由于表格太长，这里只截取显示统计人数的行）。其他如初中、小学、幼儿园学段的同类信息可以用同样的方法统计出来。

南平

高中地理 计数	2
高中化学 计数	2
高中历史 计数	2
高中美术 计数	1
高中生物 计数	2
高中数学 计数	2
高中思想政治 计数	2
高中体育 计数	1
高中通用技术 计数	1
高中物理 计数	2
高中信息技术 计数	1
高中音乐 计数	1
高中英语 计数	2
高中语文 计数	2
高中综合实践 计数	1

龙岩

高中地理 计数	2
高中化学 计数	2
高中历史 计数	2
高中美术 计数	1
高中生物 计数	2
高中数学 计数	1
高中数学 计数	1
高中思想政治 计数	2
高中体育 计数	1
高中通用技术 计数	1
高中物理 计数	2
高中信息技术 计数	1
高中音乐 计数	1
高中英语 计数	2
高中语文 计数	2
高中综合实践 计数	1

福州

高中地理 计数	2
高中化学 计数	2
高中历史 计数	2
高中美术 计数	1
高中生物 计数	2
高中数学 计数	2
高中思想政治 计数	2
高中体育 计数	1
高中通用技术 计数	1
高中物理 计数	2
高中信息技术 计数	1
高中音乐 计数	1
高中英语 计数	2
高中语文 计数	2
高中综合实践 计数	1

图 12-332

宁德

高中地理 计数	2
高中化学 计数	2
高中历史 计数	2
高中美术 计数	1
高中生物 计数	2
高中数学 计数	2
高中思想政治 计数	2
高中体育 计数	1
高中通用技术 计数	1
高中物理 计数	2
高中信息技术 计数	1
高中音乐 计数	1
高中英语 计数	2
高中语文 计数	2
高中综合实践 计数	1

莆田

高中地理 计数	2
高中化学 计数	2
高中历史 计数	2
高中美术 计数	1
高中生物 计数	2
高中数学 计数	1
高中数学 计数	1
高中思想政治 计数	2
高中体育 计数	1
高中通用技术 计数	1
高中物理 计数	2
高中信息技术 计数	1
高中音乐 计数	1
高中英语 计数	2
高中语文 计数	2
高中综合实践 计数	1

漳州

高中地理 计数	2
高中化学 计数	2
高中历史 计数	2
高中美术 计数	1
高中生物 计数	2
高中数学 计数	2
高中思想政治 计数	2
高中体育 计数	1
高中通用技术 计数	1
高中物理 计数	2
高中信息技术 计数	1
高中音乐 计数	1
高中英语 计数	2
高中语文 计数	2
高中综合实践 计数	1

图 12-333

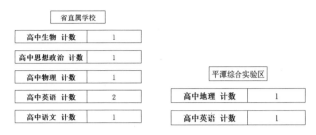

图 12-334

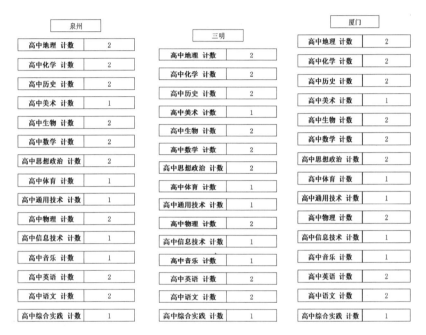

图 12-335

按照上述方法还可以查询参赛选手的更多信息，这里就不一一列举了，大家可以自行实践，这样才能熟练掌握 Excel 表格的查询功能。另外，大家也可以将这个例子举一反三，用来进行其他查询工作，如仓库管理、书籍库管理中的查询等。

技巧 25：用 Excel 表格快速计算出老师们的年底收入

每所高校的相关部门到年底都面临着计算老师们的各种津贴收入的繁重工作，此时借助 Excel 表格可以事半功倍，下面介绍具体步骤。

01 将授课老师上课的课时数和每课时金额（45 元 / 课时）等信息输入 Excel 表格中，如图 12-336 所示。

02 因为函授工作量课时和自学考试课时的每课时费用均为 45 元，所以将两项相加得到的总课时数乘以每课时费用，就可快速计算出老师们的函授课时津贴。拖动鼠标选中

"李某某"所在单元格右侧的 C4:H4 单元格区域，然后切换到"开始"选项卡，单击"编辑"选项组中"∑"右侧的下拉按钮，在展开的下拉列表中选择"∑求和"选项，如图 12-337 所示。

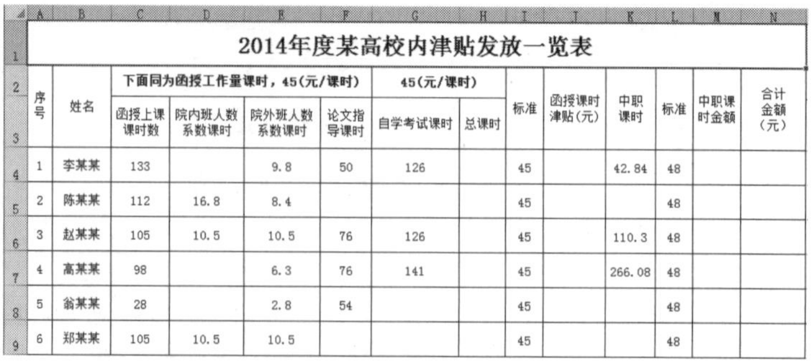

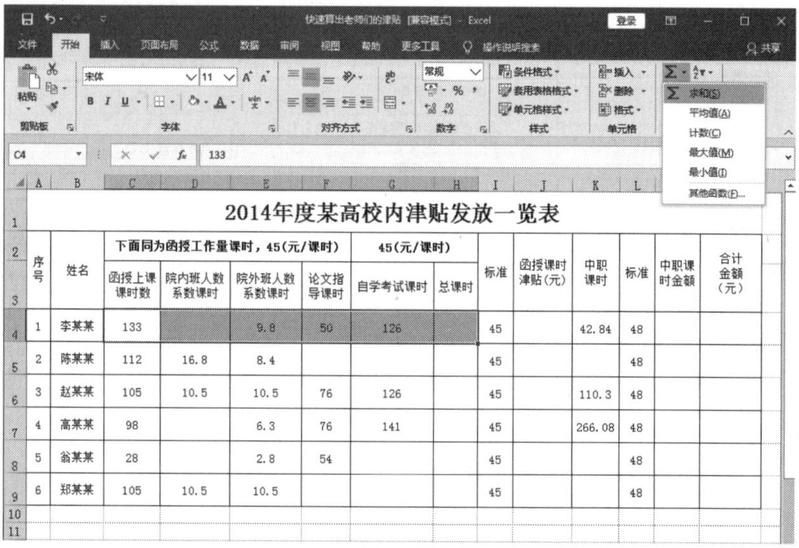

图 12-336

图 12-337

03 此时 H4 单元格里显示"318.8"，这样函授工作量课时数和自学考试课时数就自动相加起来了，得到的总课时数是"318.8"，如图 12-338 所示。

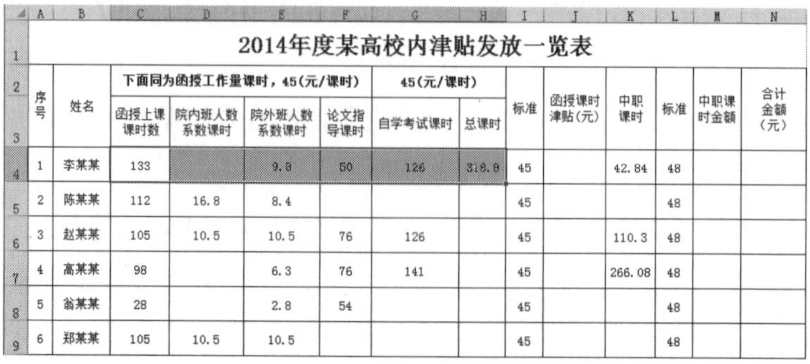

图 12-338

04 由于计算总课时数的方法相同，在得到第一位老师的总课时数结果后，可以通过拖动复制的方法计算出其他老师的总课时数。单击选中 H4 单元格，将鼠标指针移动到该单元格的右下角，当鼠标指针变成十字形时，按住鼠标左键不放向下拖动到 H9 单元格（最后一位老师的总课时数所在的单元格），松开鼠标左键后就得到了所有老师的总课时数，如图 12-339 所示。

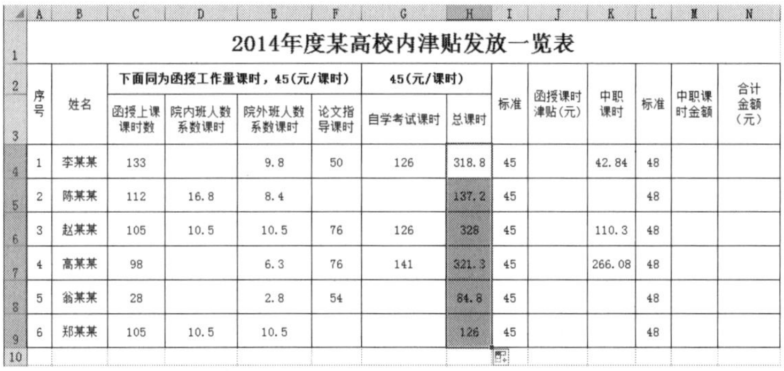

图 12-339

05 得到所有老师的总课时数后，就可以根据总课时数计算出函授课时津贴了。在"函授课时津贴（元）"这一列下的 J4 单元格中输入公式"=H4*I4"，如图 12-340 所示。

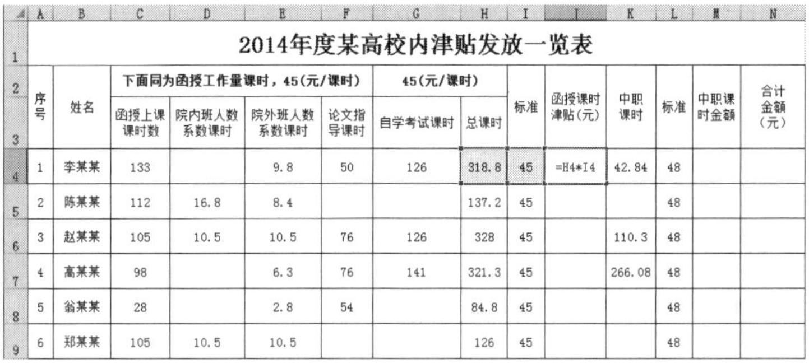

图 12-340

06 在 J4 单元格中输入公式"=H4*I4"后按 Enter 键，该单元格里就出现了计算结果"14346"，这就是第一位老师的函授课时津贴，如图 12-341 所示。

07 和前面计算其他老师的总课时数一个道理，在得出第一位老师的函授课时津贴后，通过向下拖动复制公式的方法计算出其他老师的函授课时津贴。单击选中 J4 单元格，将鼠标指针移动到该单元格的右下角，当鼠标指针变成十字形时，按住鼠标左键不放向下拖动到 J9 单元格（最后一位老师的函授课时津贴所在的单元格），松开鼠标左键后就得到了所有老师的函授课时津贴，如图 12-342 所示。

08 接下来计算出有中职课时的三位老师对应的中职课时金额。在第一位老师的中职课时金额所在的 M4 单元格中输入公式"=K4*L4"，如图 12-343 所示。

			下面同为函授工作量课时，45(元/课时)				45(元/课时)							
序号	姓名	函授上课课时数	院内班人数系数课时	院外班人数系数课时	论文指导课时	自学考试课时	总课时	标准	函授课时津贴(元)	中职课时	标准	中职课时金额	合计金额(元)	
1	李某某	133		9.8	50	126	318.8	45	14346	42.84	48		
2	陈某某	112	16.8	8.4			137.2	45			48		
3	赵某某	105	10.5	10.5	76	126	328	45		110.3	48		
4	高某某	98		6.3	76	141	321.3	45		266.08	48		
5	翁某某	28		2.8	54		84.8	45			48		

图 12-341

			下面同为函授工作量课时，45(元/课时)				45(元/课时)							
序号	姓名	函授上课课时数	院内班人数系数课时	院外班人数系数课时	论文指导课时	自学考试课时	总课时	标准	函授课时津贴(元)	中职课时	标准	中职课时金额	合计金额(元)	
1	李某某	133		9.8	50	126	318.8	45	14346	42.84	48		
2	陈某某	112	16.8	8.4			137.2	45	6174		48		
3	赵某某	105	10.5	10.5	76	126	328	45	14760	110.3	48		
4	高某某	98		6.3	76	141	321.3	45	14459.5	266.08	48		
5	翁某某	28		2.8	54		84.8	45	3816		48		
6	郑某某	105	10.5	10.5		126		45	5670		48		

图 12-342

			下面同为函授工作量课时，45(元/课时)				45(元/课时)							
序号	姓名	函授上课课时数	院内班人数系数课时	院外班人数系数课时	论文指导课时	自学考试课时	总课时	标准	函授课时津贴(元)	中职课时	标准	中职课时金额	合计金额(元)	
1	李某某	133		9.8	50	126	318.8	45	14346	42.84	48	=K4*L4	
2	陈某某	112	16.8	8.4			137.2	45	6174		48		
3	赵某某	105	10.5	10.5	76	126	328	45	14760	110.3	48		

图 12-343

09 在 M4 单元格中输入公式"=K4*L4"后按 Enter 键，该单元格里就出现了计算结果"2056.3"，这就是第一位老师的中职课时金额，如图 12-344 所示。

10 单击选中 M4 单元格，将鼠标指针移动到该单元格的右下角，当鼠标指针变成十字形时，按住鼠标左键不放向下拖动到 M9 单元格（最后一位老师的中职课时金额所在的单元格），松开鼠标左键后就得到了所有老师的中职课时金额，如图 12-345 所示。

11 最后将函授课时津贴和中职课时金额两项相加，得出每位老师年底的合计收入金额。首先计算第一位老师的合计金额。选中 N4 单元格，单击"开始"选项卡下"编辑"选项组中"Σ"右侧的下拉按钮，在展开的列表中选择"Σ 求和"选项，如图 12-346 所示。

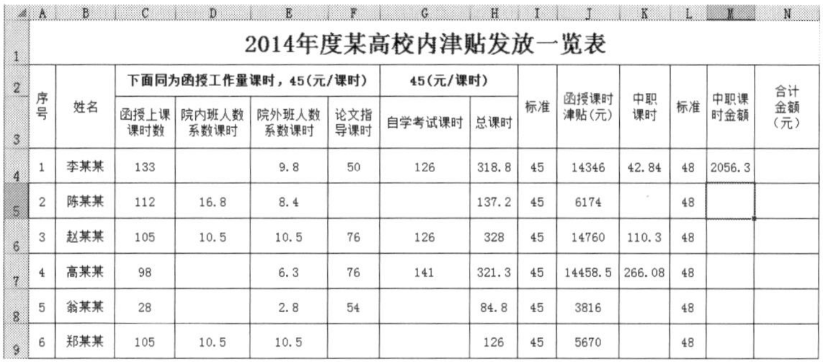

2014年度某高校内津贴发放一览表

序号	姓名	下面同为函授工作量课时，45(元/课时)				45(元/课时)		标准	函授课时津贴(元)	中职课时	标准	中职课时金额	合计金额(元)
		函授上课课时数	院内班人数系数课时	院外班人数系数课时	论文指导课时	自学考试课时	总课时						
1	李某某	133		9.8	50	126	318.8	45	14346	42.84	48	2056.3	
2	陈某某	112	16.8	8.4			137.2	45	6174		48		
3	赵某某	105	10.5	10.5	76	126	328	45	14760	110.3	48		
4	高某某	98		6.3	76	141	321.3	45	14458.5	266.08	48		
5	翁某某	28		2.8	54		84.8	45	3816		48		
6	郑某某	105	10.5	10.5			126	45	5670		48		

图 12-344

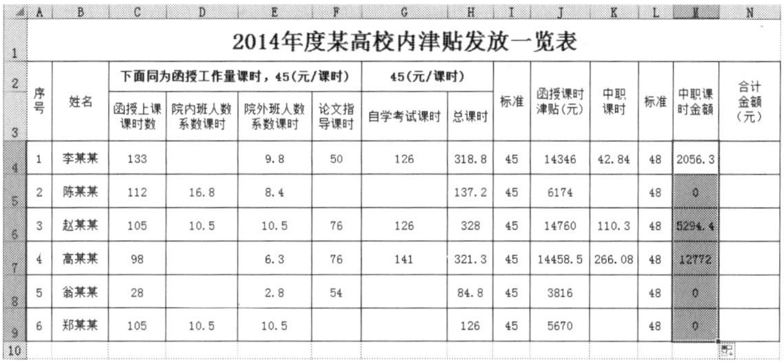

2014年度某高校内津贴发放一览表

序号	姓名	下面同为函授工作量课时，45(元/课时)				45(元/课时)		标准	函授课时津贴(元)	中职课时	标准	中职课时金额	合计金额(元)
		函授上课课时数	院内班人数系数课时	院外班人数系数课时	论文指导课时	自学考试课时	总课时						
1	李某某	133		9.8	50	126	318.8	45	14346	42.84	48	2056.3	
2	陈某某	112	16.8	8.4			137.2	45	6174		48	0	
3	赵某某	105	10.5	10.5	76	126	328	45	14760	110.3	48	5294.4	
4	高某某	98		6.3	76	141	321.3	45	14458.5	266.08	48	12772	
5	翁某某	28		2.8	54		84.8	45	3816		48	0	
6	郑某某	105	10.5	10.5			126	45	5670		48	0	

图 12-345

2014年度某高校内津贴发放一览表

序号	姓名	下面同为函授工作量课时，45(元/课时)				45(元/课时)		标准	函授课时津贴(元)	中职课时	标准	中职课时金额	合计金额(元)
		函授上课课时数	院内班人数系数课时	院外班人数系数课时	论文指导课时	自学考试课时	总课时						
1	李某某	133		9.8	50	126	318.8	45	14346	42.84	48	2056.3	
2	陈某某	112	16.8	8.4			137.2	45	6174		48	0	
3	赵某某	105	10.5	10.5	76	126	328	45	14760	110.3	48	5294.4	

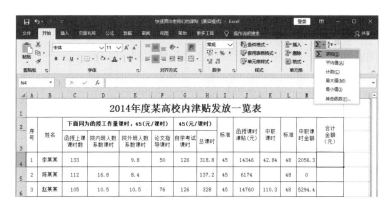

图 12-346

12 此时，系统会默认使用 SUM 函数对 I4~M4 单元格的值求和，如图 12-347 所示，但这与我们的实际需求不符，这里需要计算的是 J4 和 M4 单元格的值之和。

13 单击 J4 单元格，然后在按住 Ctrl 键的同时单击 M4 单元格，即可使 SUM 函数只对 J4 和 M4 单元格的值进行求和，如图 12-348 所示。

14 按 Enter 键即可计算出第一位老师的合计金额为 16402.32 元，如图 12-349 所示。

15 单击选中第一位老师的合计金额所在的 N4 单元格，将鼠标指针移动到该单元格

Word/Excel 办公应用实战

的右下角，当鼠标指针变成十字形时，按住鼠标左键不放向下拖动到 N9 单元格（最后一位老师的合计金额所在的单元格），松开鼠标左键后就得到了所有老师的合计金额，如图 12-350 所示。

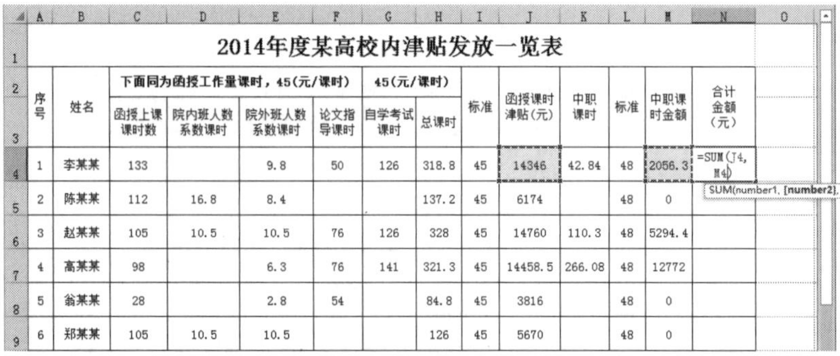

图 12-347

图 12-348

图 12-349

图 12-350

类似这种需要计算多人收入的场景都可以采用与本技巧相同的方法。

技巧 26：对齐为同一对象添加的上标和下标

在 Word 中可使用"字体"选项组中的"上标"和"下标"按钮将选中对象设置成上、下标，但用这种方法对同一对象同时添加上、下标时，所添加的上、下标不能在垂直方向上实现对齐，这时可以使用"双行合一"功能来解决。下面举例介绍操作步骤。

01 启动 Word，新建一个空白文档，在文档中输入"A23"，为了便于后面查看效果，这里将输入内容的字号设置为"一号"。选中字母"A"后面的数字"23"，切换到"开始"选项卡，单击"段落"选项组中的 按钮，然后在展开的下拉列表中选择"双行合一"选项，如图 12-351 所示。

图 12-351

02 此时会弹出"双行合一"对话框，在对话框的"文字"文本框中的数字"2"和数字"3"之间单击确定插入点光标，如图 12-352 所示。

03 确定插入点光标后，按一次空格键，如图 12-353 所示。

图 12-352   图 12-353

04 单击"双行合一"对话框的"确定"按钮后，字母"A"的上、下标就在垂直方向上对齐了，如图 12-354 所示。

图 12-354

技巧 27：实现逆序打印

在使用喷墨打印机或后进式激光打印机打印一个多页文档时，由于其打印面朝上，因此会遇到最先打印的一页在最下面，而最后打印的一页在最上面的情况。这样，每次打印完毕后还需要人工一张一张地翻过来，这样文档页数不多还好，如果是几十页甚至几百页的稿子，一张一张重新手动排序会相当耗费精力。其实，只要在 Word 中打印前打开"打印机属性"对话框，在其中勾选与逆序打印相关的选项即可。下面讲解具体操作步骤。

01 在 Word 中打开一个已经输入好内容的文档，如图 12-355 所示。

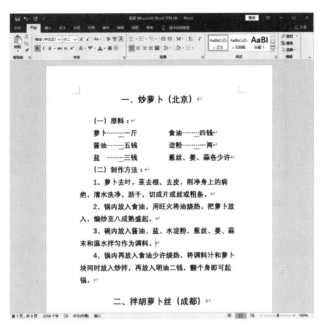

图 12-355

02 单击"文件"标签，然后在弹出的界面中选择"打印"选项，切换到"打印"选项面板，在该面板的"打印机"选项组中单击"打印机属性"链接，如图 12-356 所示。

图 12-356

03 此时会弹出相应的打印机属性对话框，在对话框的"附加功能"选项组中勾选"自最末页打印"复选框，如图 12-357 所示，单击"确定"按钮，即可实现逆序打印。

图 12-357